地球上的生命

这幅图展示了主要动物类别之间的联系。通过这幅图，你可以
出哪些类别的动物之间关系密切。

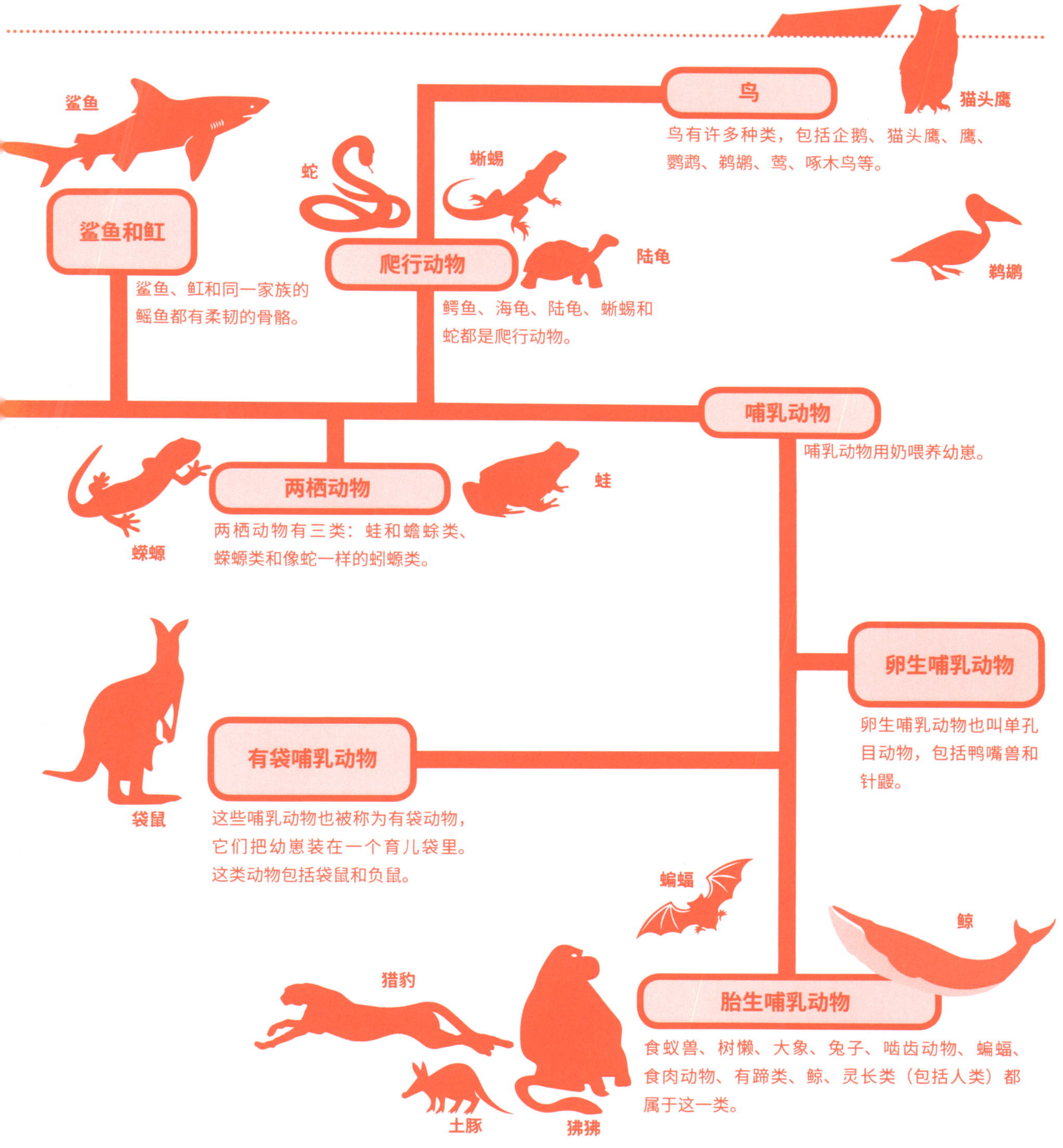

我想了解的东西：

DK 小科学馆

动　物

英国 DK 公司　编著　　邱晓亮　译

中信出版集团 | 北京

Original Title: DK Findout! Animals

图书在版编目（CIP）数据

DK小科学馆．动物 / 英国DK公司编著；邱晓亮译
．-- 北京：中信出版社，2020.12（2022.8重印）
书名原文：DK Findout! Animals
ISBN 978-7-5217-0830-1

Ⅰ．①D… Ⅱ．①英… ②邱… Ⅲ．①科学知识—儿童读物 ②动物—儿童读物 Ⅳ．① Z228.1 ② Q95-49

中国版本图书馆CIP数据核字（2019）第149398号

DK小科学馆·动物

编　　著：英国DK公司
译　　者：邱晓亮
出版发行：中信出版集团股份有限公司
（北京市朝阳区惠新东街甲4号富盛大厦2座　邮编　100029）
承 印 者：当纳利（广东）印务有限公司

开　　本：787mm×1092mm　1/16　印　　张：4　字　　数：100千字
版　　次：2020年12月第1版　印　　次：2022年8月第4次印刷
京权图字：01-2018-7707
书　　号：ISBN 978-7-5217-0830-1
定　　价：36.00元

本书作者为安德列·米尔斯，顾问为凯蒂·帕森斯博士。

出品　中信儿童书店
策划　红披风
策划编辑　陈瑜
责任编辑　郝兰
营销编辑　马英　谢沐　严婧　刘天怡
装帧设计　颂煜文化
封面设计　哈_哈　李一

For the curious
www.dk.com

混合产品
源自负责任的
森林资源的纸张
FSC® C018179

目录

家猫

赤狐

雨林巨型螳螂

蝴蝶

狼蛛

豹纹陆龟

金鱼

鹦鹉

大猩猩

真螈

什么是动物？

地球上生活着几百万种动物，每一种动物叫作一个物种。无论是小如蚂蚁，还是大如大象，所有的动物都有一些共同点。例如，动物需要吃其他生物才能活下去，不像植物可以从阳光中获取能量。

呼吸

所有的动物都需要氧气才能生存。它们从空气中吸入氧气，或者把水里的氧气吸收到身体里。海豚生活在水里，通过头顶上的呼吸孔呼吸空气。

巨嘴鸟长长的喙在获取食物的时候很有用。

进食

动物从食物中获取能量。许多动物是食肉动物，它们吃肉。有些动物是食植动物，它们吃植物。还有些动物被称为杂食动物，它们既吃肉也吃植物。

强有力的后腿让蚱蜢能一次跳出它们身体的 20 倍那么远。

移动

动物通过各种方式移动，包括跳、蹦、跑、爬、滑、飞、游等。许多动物用腿移动，还有一些动物用翅膀和鳍移动。

沟通

许多动物可以彼此传递信息，这被称为通讯。它们可能借助声音、表情或身体来沟通。比如这只山魈，可以发出尖叫声来警告同类。许多鸟类则拥有独特的歌声。还有一些动物，比如甲虫，用化学气味传递信息。

繁殖

有些雌性动物，比如海豹，在生出幼崽之前会让幼崽在肚子里生长。幼崽出生后，可能会跟妈妈一起生活一段时间，以便学习如何寻找食物和躲避捕食者。还有些动物，包括鸟类、一些爬行动物和昆虫，会产卵并保护卵，直到小宝宝孵化出来。

爬行动物用舌头感知周围环境中的气味。

感官

一个动物想要生存，至关重要的一点就是能够感知自己的周围正在发生什么。动物使用的五种主要感官是视觉、听觉、嗅觉、味觉和触觉。有些动物有特殊的感官，可以感知电流，甚至磁场！

脊椎动物

有脊柱的动物叫作脊椎动物。它们的皮肤和肌肉下面有骨骼，坚固的骨骼系统支撑着它们的身体，并帮助它们移动。不同的脊椎动物可能看上去迥然不同，但它们的骨骼结构有一些共同特点，比如都有保护大脑的颅骨。

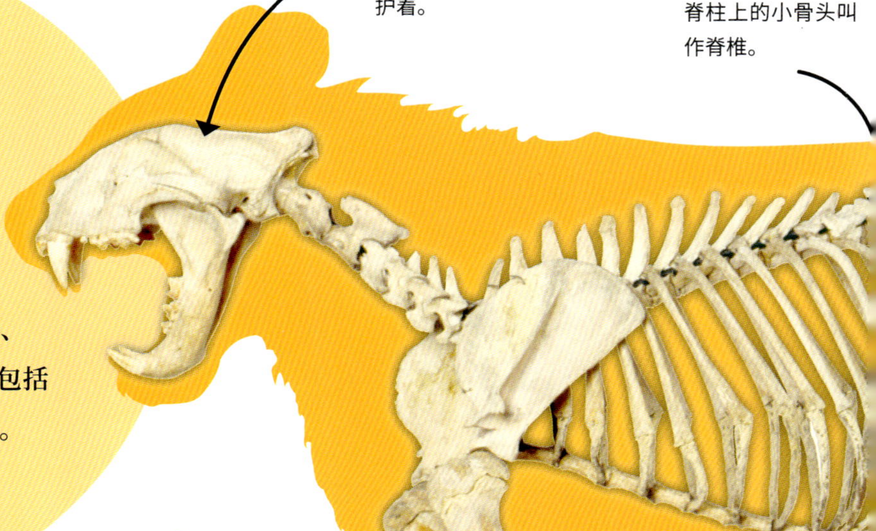
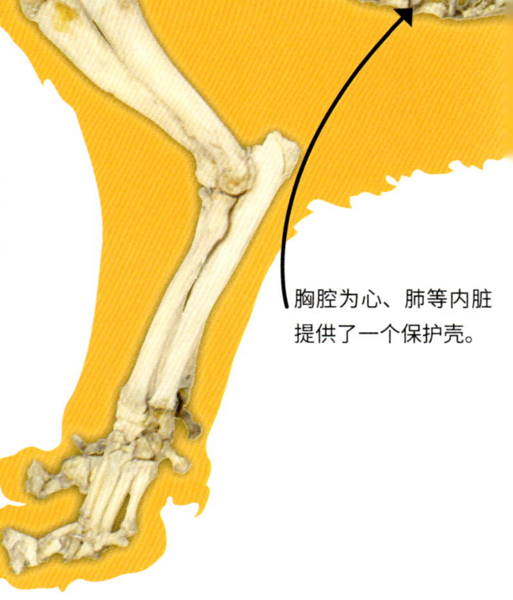

哺乳动物

只有哺乳动物拥有直接连着颅骨的下颌。哺乳动物的牙齿根据用途分为不同种类，可以把食物咬下、咬紧、撕开、切碎、细嚼、研磨。地球上体形最大的动物，包括鲸、象和虎，都属于这一类。

鱼

最早出现的脊椎动物是鱼。包括鲤鱼在内的大部分鱼都有一副硬骨骼。不过，鲨鱼和魟的骨头比较软，是由一种叫作软骨的柔韧物质构成的。

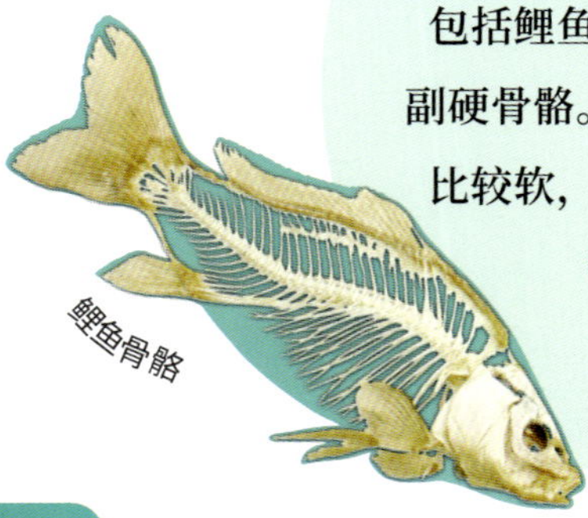
鲤鱼骨骼

爬行动物

爬行动物的脊柱特别容易弯曲。无论是有四条腿的蜥蜴，还是根本没有腿的蛇，绝大多数爬行动物都可以快速移动，高效捕食。

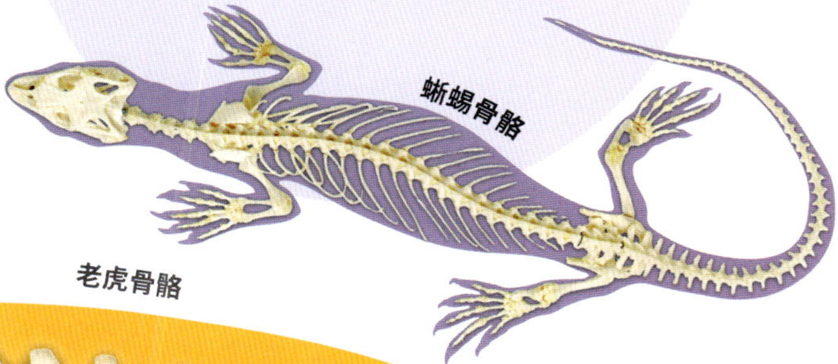

蜥蜴骨骼

鸽子骨骼

鸟

鸟会飞，因为它们的身体结构很特别。它们的胳膊演化成翅膀，骨头又硬又轻，这让飞行变得更容易。只有鸟类有羽毛，羽毛可以保暖，并帮助它们飞翔。

老虎骨骼

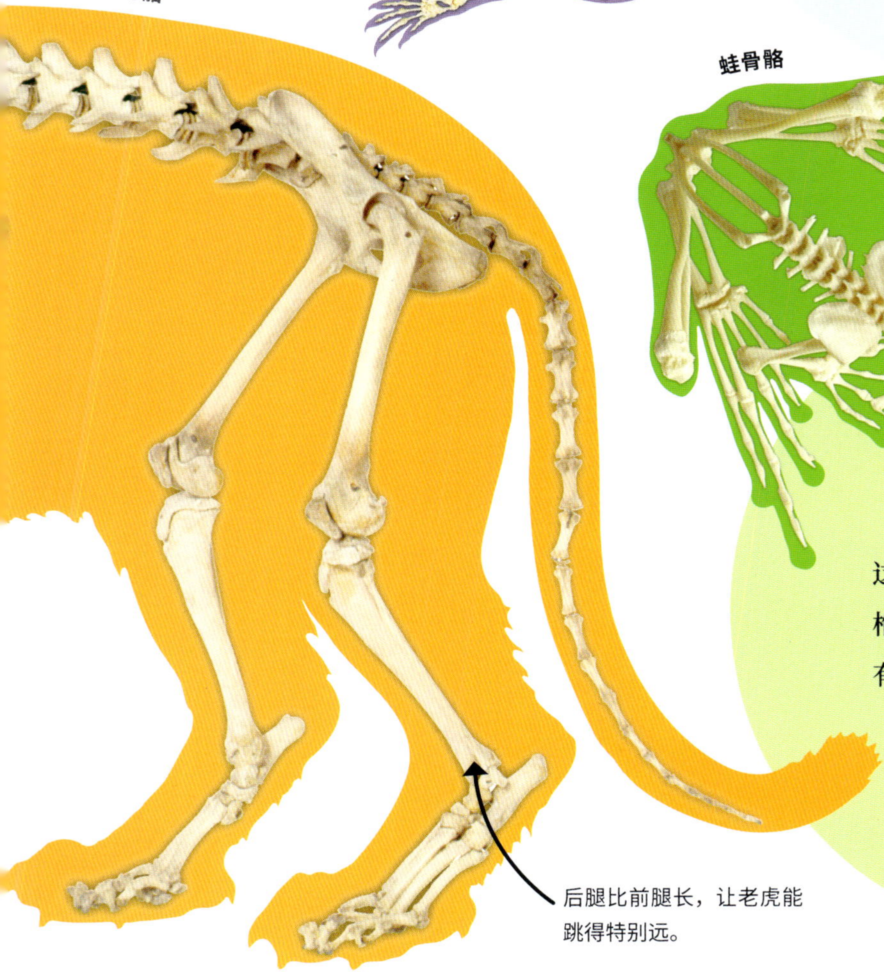

后腿比前腿长，让老虎能跳得特别远。

蛙骨骼

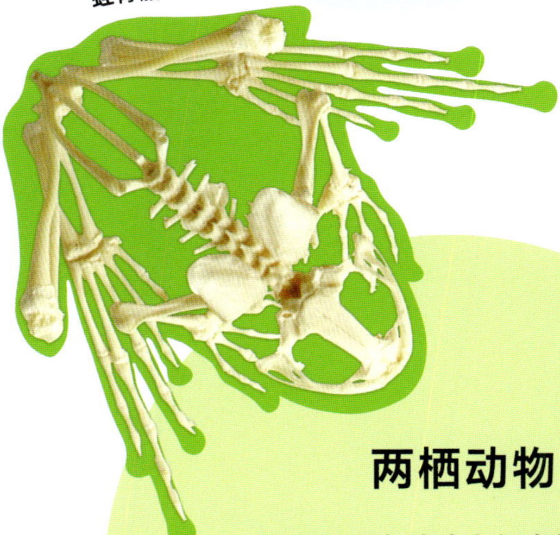

两栖动物

这是最早在地球上行走的四足脊椎动物。它们的骨头既有软骨也有硬骨。有些两栖动物，比如蛙类，很擅长游泳和跳跃。

哺乳动物

从食蚁兽到斑马，甚至我们人类，都是哺乳动物。虽然样貌和体形千差万别，但所有的哺乳动物都用母乳喂养幼崽。大多数哺乳动物直接生出幼崽，几乎所有的哺乳动物身上都有毛发。

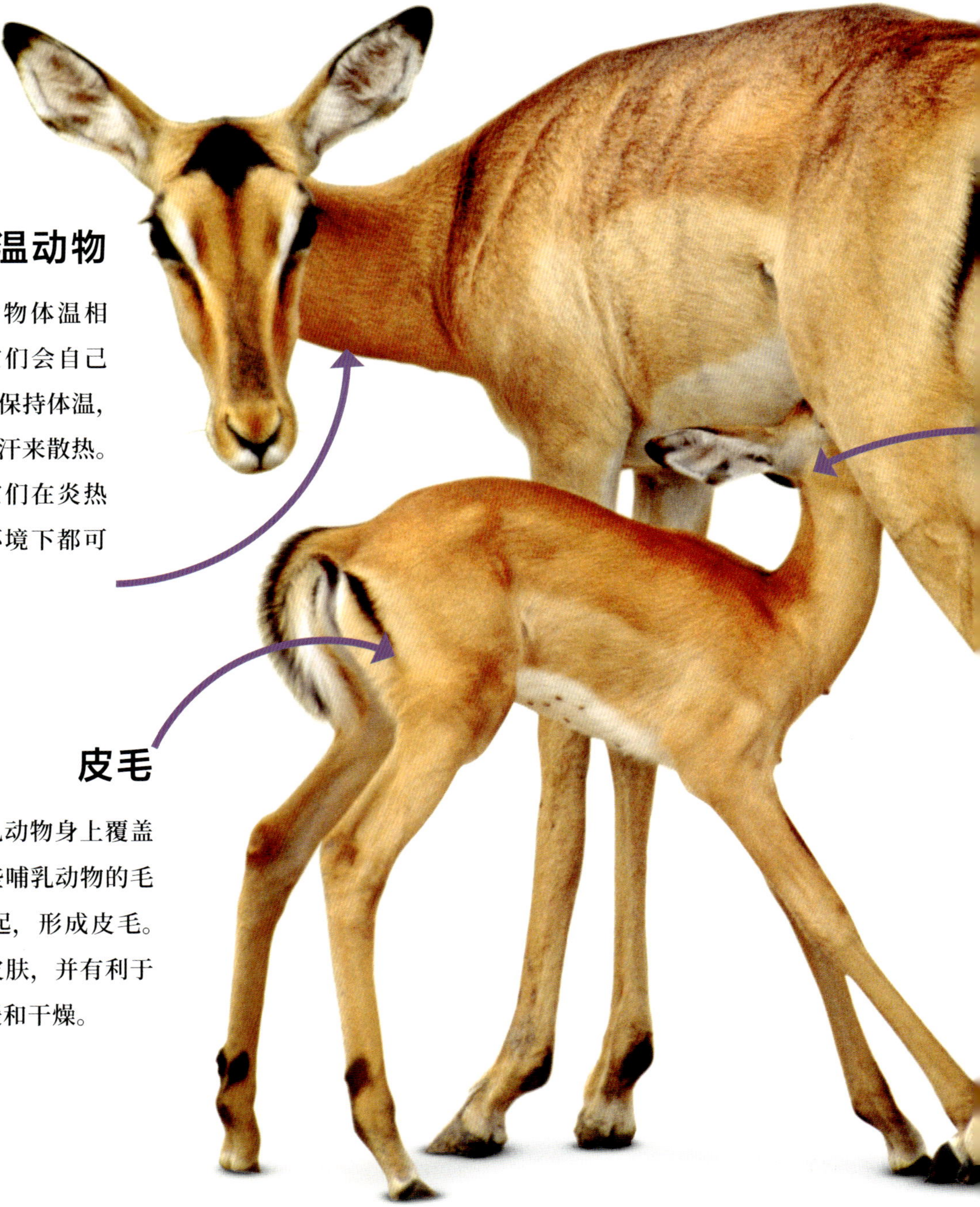

恒温动物

哺乳动物体温相对稳定。它们会自己产生热量来保持体温，也会通过出汗来散热。这意味着它们在炎热或寒冷的环境下都可以生存。

皮毛

只有哺乳动物身上覆盖着毛发。有些哺乳动物的毛发紧挨在一起，形成皮毛。这样能保护皮肤，并有利于身体保持温暖和干燥。

5 个关于哺乳动物的小知识

1 **海獭**的皮毛是所有哺乳动物中最浓密的。一只成年海獭身上可能覆盖着 8 亿根毛发。

2 **母象**怀孕 22 个月之后才生出小象。

3 一只**马岛猬**保持着一胎产崽的世界纪录，它一胎可产下 32 只小宝宝。马岛猬是生活在马达加斯加岛上的最小哺乳动物。

4 **蓝鲸宝宝**是地球上最大的宝宝。它们出生时体重就达到 2.5 吨。

5 **冠海豹妈妈**产的奶中，60% 以上是脂肪，比冰激凌的脂肪含量还高。

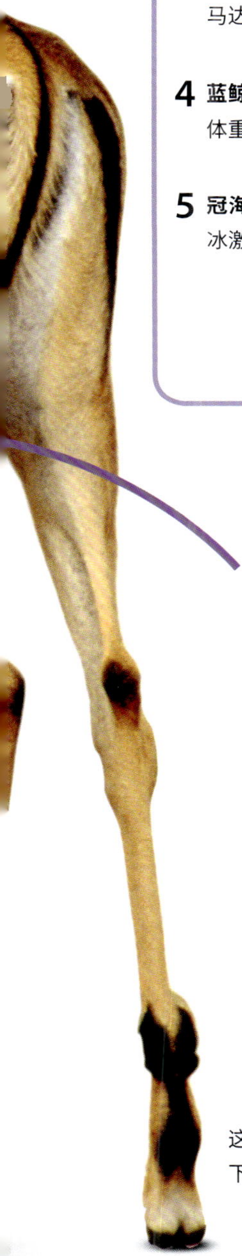

奶

雌性哺乳动物会产奶哺喂幼崽。小宝宝从妈妈身上吸奶喝，奶里有它们需要的全部营养。

黑斑羚的大餐

这只黑斑羚宝宝正在妈妈身子底下喝奶，妈妈一直看着它。

哺乳动物的种类

世界上现有超过 5800 种哺乳动物。根据幼崽出生和长大方式的不同，它们被分为三类。

卵生哺乳动物

单孔目动物是唯一会产卵的哺乳动物。针鼹和澳大利亚的鸭嘴兽是现存的两类单孔目动物。

有袋哺乳动物

有袋动物，是指把宝宝放在育儿袋里以保护它们安全的哺乳动物。澳大利亚有许多有袋动物，包括袋鼠和考拉。

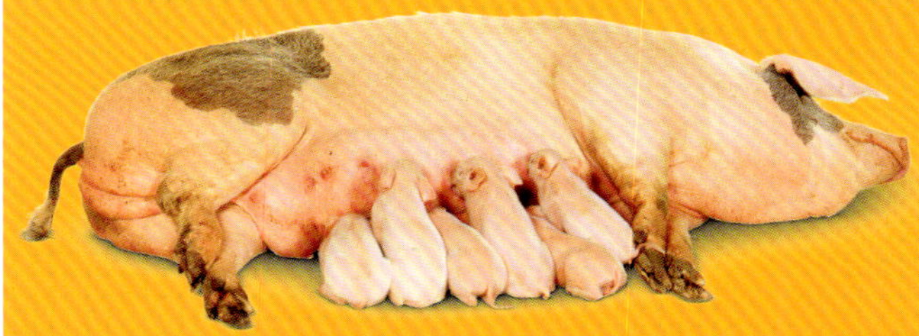

胎盘哺乳动物

胎盘哺乳动物，比如猪，生出的幼崽比有袋哺乳动物生出的幼崽更成熟。这是哺乳动物中种类最多的一类，人就属于这一类。

哺乳动物生活在哪里？

陆地上的哺乳动物数量和种类最多，不过空中和水里也有哺乳动物的踪迹。蝙蝠有翅膀，是唯一一类会飞的哺乳动物。生活在海里的水生哺乳动物有柔韧的鳍足，能帮助它们游泳。

熊是陆地上最大的食肉动物。

松鼠在树枝间奔跑时，用它们毛茸茸的尾巴保持平衡。

骆驼在驼峰里储存脂肪。

长颈鹿的脖子是现存动物中最长的。

大猩猩是个头最大的灵长类动物。

食蚁兽用管子一样的嘴巴舔食蚂蚁和白蚁。

陆地

绝大多数哺乳动物分布在陆地上，因为陆地上有许多种不同的地方供它们居住。它们可以住在沙漠，可以住在枝叶茂密的森林，甚至可以住在地底下。

海洋

生活在海里的哺乳动物可以长时间待在水下。它们的体形呈流线型，这有利于它们成为游泳健将。

海豚游泳速度很快，还喜欢跳出水面。

海牛的动作慢吞吞的。

天空

大部分蝙蝠属于夜行性动物，也就是说它们在夜晚活动。它们四处飞翔，寻找飞行的昆虫当作食物，比如飞蛾。它们也会寻找其他食物。

果蝠也被称为狐蝠。有些果蝠在白天觅食。

大象是陆地上最大的动物。

犀牛的皮肤又厚又粗糙。

考拉是有袋哺乳动物，大部分时间都生活在树上。

斑马成群生活在繁茂的草原上。

兔子有大大的耳朵，能听见捕食者的动静。

豹是一种大型猫科动物，在夜晚捕食。

猴子非常聪明。

狐狸是犬科动物家族的成员。

犰狳的皮肤像盔甲一样。

刺猬身上长着许多刺，起到防御作用。

鼹鼠用铲子似的爪子挖地道。

鲸是现存的最大的动物。

海獭大部分时间待在水里。

海豹会潜到很深的地方寻找食物。

鸟

鸟是世界上唯一长有羽毛的动物。羽毛起到保护和保暖作用，还能帮助飞翔。鸟的翅膀让它们成为最擅长飞的飞行动物。跟哺乳动物一样，鸟类也是恒温动物，但跟大多数哺乳动物不同的是，鸟类是卵生而非胎生。

紫胸佛法僧

这种鸟在非洲草原上很容易被发现，因为它们的羽毛颜色绚丽，叫声响亮。

羽毛

不同羽毛的功能不同，形状也有很大差异。最大最结实的羽毛是鸟的初级飞羽和尾羽。

一根初级飞羽的放大图。

飞羽由不同部分连在一起，形成一个平整的面。

喙

鸟没有牙齿。它们用又轻又结实的喙获取食物。不同的鸟食物不同，鸟喙的形状也不一样。佛法僧主要以昆虫为食。

蛋和巢

大多数雌鸟会筑巢，它们在巢里产卵。鸟宝宝在蛋里生长，鸟爸爸和鸟妈妈轮流坐在蛋上，让蛋保持温暖。到了恰当的时候，鸟宝宝会啄破蛋壳，自己出来。

这些蛋快要孵出鸟宝宝了。

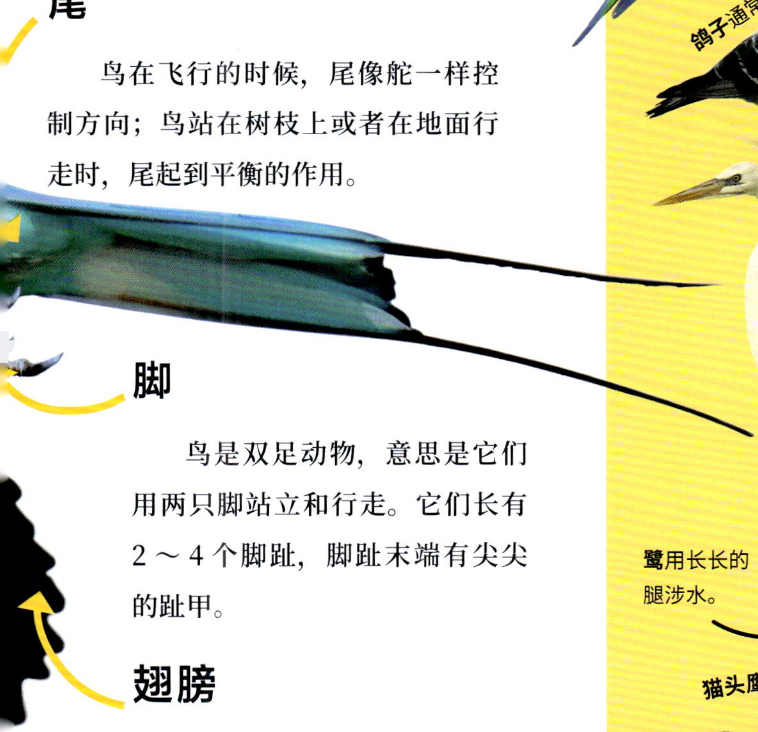

尾

鸟在飞行的时候，尾像舵一样控制方向；鸟站在树枝上或者在地面行走时，尾起到平衡的作用。

脚

鸟是双足动物，意思是它们用两只脚站立和行走。它们长有 2～4 个脚趾，脚趾末端有尖尖的趾甲。

翅膀

鸟没有胳膊和手，但它们有翅膀。鸟飞翔要靠拍动翅膀或者用翅膀在空中滑行。有些鸟还会在空中悬停。

鸟的种类

世界上生活着大约 1 万种鸟。它们有着不同的外形、大小和颜色。有些鸟个头儿大，比如鹭，拥有长长的喙和大大的翅膀。有些鸟个头儿小，但嗓门儿非常大，比如乌鸫。

爬行动物

爬行动物都有干燥的皮肤，皮肤被角质鳞或骨板保护着。它们是变温动物，也就是说它们的体温随着环境而变化。大多数爬行动物吃其他动物，并在陆地上产卵繁殖后代。蜥蜴是最常见的爬行动物。

鳞状皮肤

变色龙的皮肤随着光线、温度和它的心情而改变颜色。如果它生气，或者被吓到，皮肤就会变成鲜红色。

尾巴

变色龙长长的尾巴可以帮助它保持平衡，还可以缠绕抓牢树枝。

其他爬行动物

真鳄和短吻鳄在陆地上用四条腿走路，在水里用强壮的尾巴游泳。蛇没有腿，靠弯曲长长的身体移动。在爬行动物中，只有海龟和陆龟是有骨壳的，壳像盔甲一样保护着它们的身体。

真鳄和短吻鳄

真鳄和短吻鳄是最大的爬行动物。它们在湖泊、河流和海岸地区捕食。它们强劲的颌和尖尖的牙齿可以杀死像斑马那么大的猎物。

真鳄的嘴巴比短吻鳄的嘴巴尖。

暹罗鳄

豹纹变色龙

变色龙是一类特殊的蜥蜴，在爬树时用尾巴当作第五只脚。豹纹变色龙生活在马达加斯加，以大多数种类的昆虫为食。

眼睛

两只眼睛可以分别转动，看不同的方向；两只眼睛也可以看同一个物体，比如在捕食的时候。

舌头

长舌头很有劲儿，伸出来捉昆虫，把虫子卡在黏乎乎、像杯子一样的舌尖里。

豹纹变色龙从伸出舌头到捉回虫子，只要 0.007 秒！

脚趾

变色龙在树枝上移动的时候，脚上的两组脚趾像蟹钳一样抓住树枝。

受到惊吓的眼镜蛇将身体前段抬起，鼓起颈部两边的“兜帽”。

眼镜蛇

蛇

所有的蛇都捕捉活的猎物，并且整个吞下去。有些蛇，比如眼镜蛇，用两根像针一样的牙齿将毒液注入猎物身体，将其杀死。这两根牙齿叫作毒牙。

海龟和陆龟

陆龟生活在陆地上，用四条腿慢慢地走路。海龟大部分时间生活在水里，四肢呈桨状，用来游泳。

这只陆龟刚刚孵出来。

豹纹陆龟

两栖动物

两栖动物刚出生时生活在水里，此时它们用鳃呼吸。接下来，大多数两栖动物会长出一对肺，以便它们来到陆地上时可以用肺呼吸。两栖动物大都拥有光滑的皮肤，它们的皮肤必须保持湿润，所以当它们不在水里时，也不会离潮湿地带太远。

蟾蜍

蟾蜍的样子跟蛙有些像，不过比蛙个子更大、腿更短、皮肤更干燥。它们在陆地上的时间比蛙多。

蟾蜍通过疙疙瘩瘩的皮肤呼吸。

欧洲绿蟾蜍

扁扁的尾巴，用来游泳。

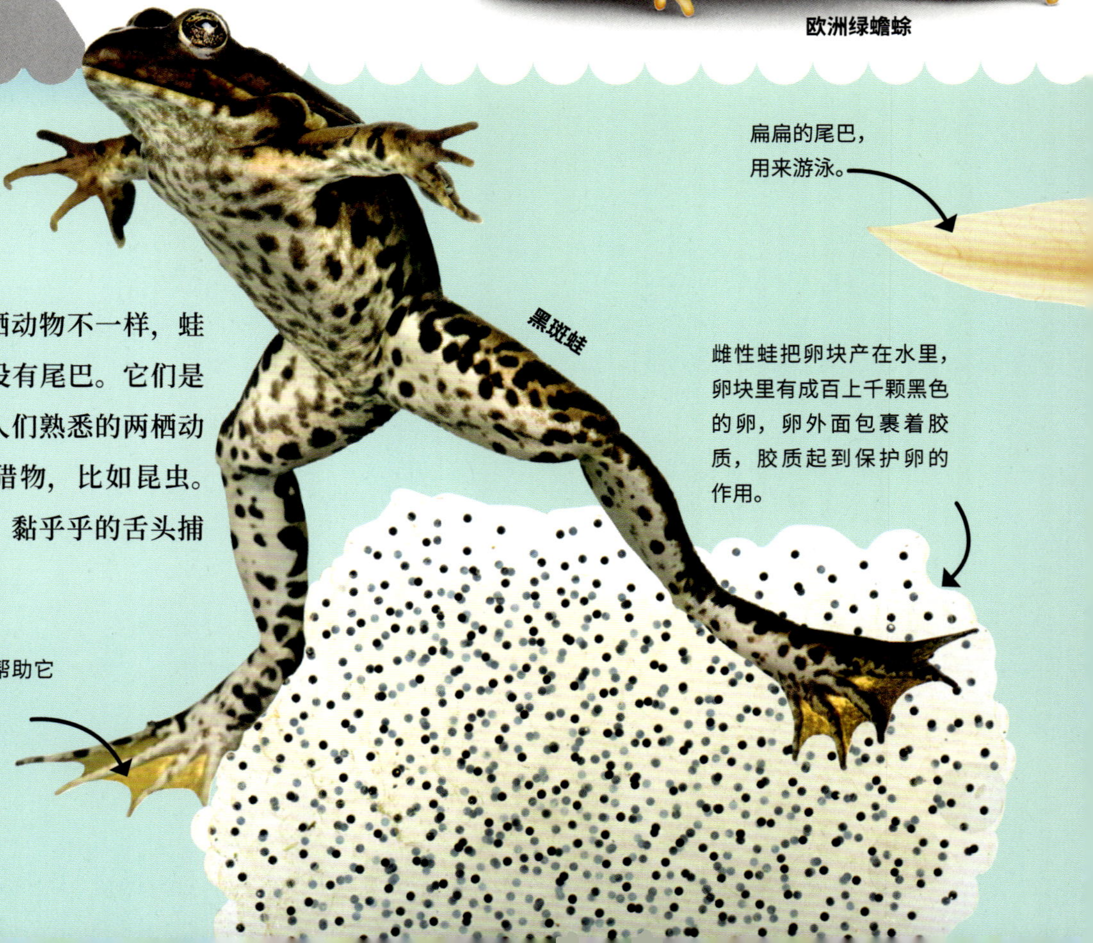

黑斑蛙

蛙

跟其他两栖动物不一样，蛙和蟾蜍长大后没有尾巴。它们是最常见、最被人们熟悉的两栖动物。蛙吃活的猎物，比如昆虫。它们用长长的、黏乎乎的舌头捕捉猎物。

雌性蛙把卵块产在水里，卵块里有成百上千颗黑色的卵，卵外面包裹着胶质，胶质起到保护卵的作用。

蛙后腿上的蹼足帮助它在水里游泳。

蚓螈

蚓螈的外形和动作都像蠕虫，可实际上它们以蠕虫为食。它们住在地洞或水下，身体细长，没有腿。蚓螈的视力和听力都很糟糕，但它们的嗅觉非常灵敏。

蝾螈

一眼看上去，蝾螈很像颜色鲜艳、皮肤光滑的蜥蜴。有些蝾螈有两肢，有些蝾螈有四肢。蝾螈可能有肺，可能有鳃，也可能肺和鳃都没有，直接通过皮肤呼吸。

鲵

鲵的身材苗条，有一条长长的尾巴，四条腿差不多一样长。它们跟蝾螈一样，如果身体的一部分受伤，可以重新长回来，比如重新长出一只眼睛、一条腿或是尾巴。它们吃蠕虫、昆虫和其他小动物。

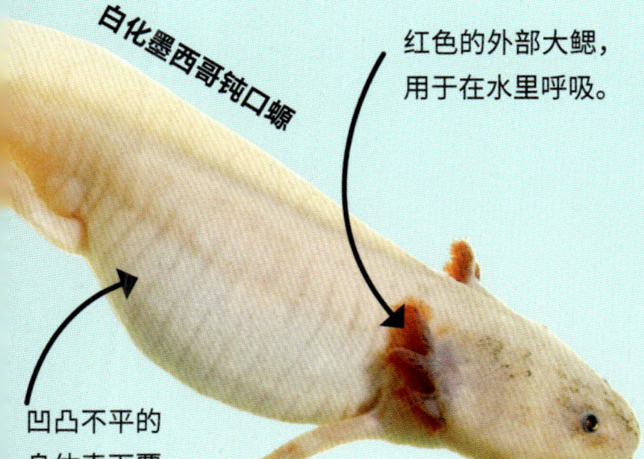

墨西哥钝口螈

墨西哥钝口螈是一种特殊的蝾螈，一辈子都生活在水里。它一直没有演化出可以在陆地上生活的成年特征，但它可以繁殖后代。

3 个两栖动物小知识

1 **中国大鲵**是世界上最大的两栖动物，长达 1.8 米。

2 **大鲵**也是寿命最长的两栖动物，能活到 50 多岁。

3 **运动速度最快的两栖动物**是安第斯蝾螈，最高速度能达到每小时 24 千米。

鱼

在全世界的海洋、湖泊和河流里，生活着大约 3.2 万种鱼。它们可以分为三类：硬骨鱼有一副轻巧又结实的骨骼，是数量最多的一类；软骨鱼包括鲨鱼和魟，它们的骨骼由一种叫软骨的柔韧物质组成；无颌鱼则是七鳃鳗这一类。

金鱼

鳃

鱼不用肺呼吸，而是用鳃。鳃在鱼头部两侧。水从鱼嘴流入，由鳃流出，水里的氧气在这一过程中被提取出来。

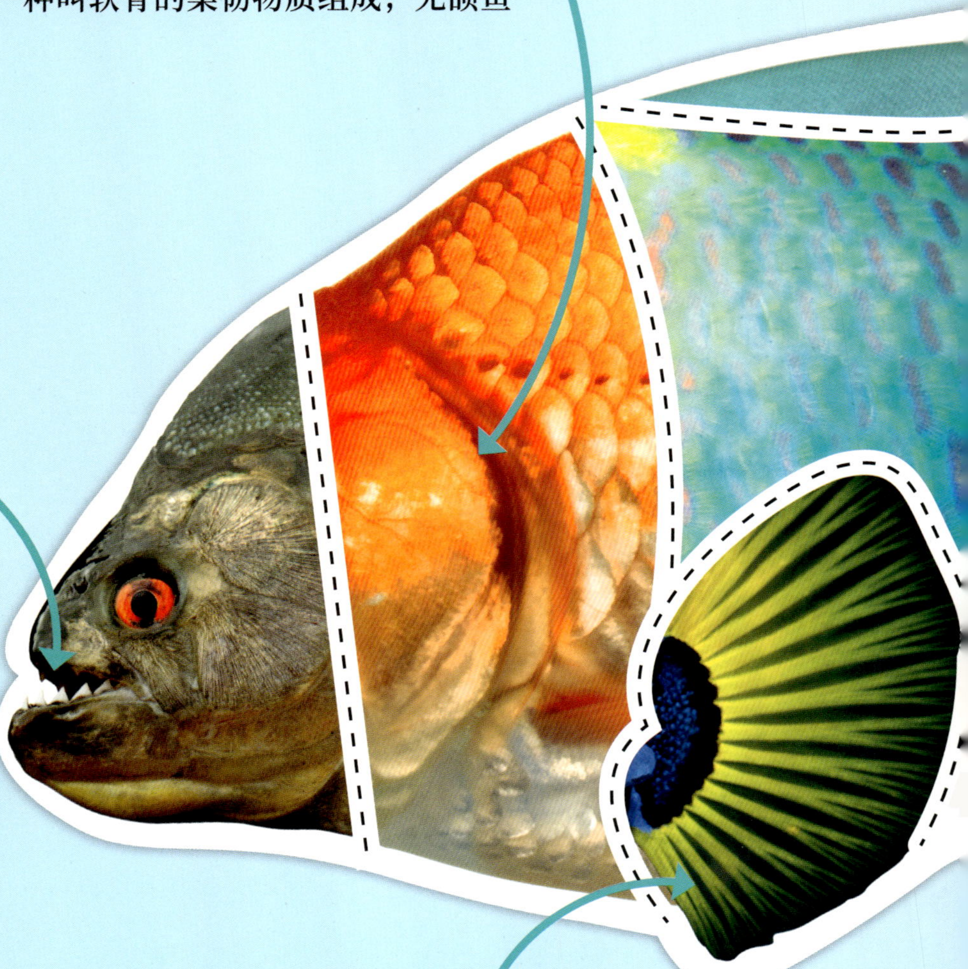

食人鱼

牙齿

不同的鱼食物不同，牙齿也不一样。食肉鱼有着尖尖的牙齿，能刺进猎物的身体。食人鱼（红腹锯脂鲤）的牙齿很小，却像钢锯一样锋利。

“美人鱼的钱包”

卵

许多雌鱼把成千上万的卵产在水里，不过有些卵被保护得很好。某些鲨鱼的每颗卵外面都包裹着一个卵荚，被称为“美人鱼的钱包”。

神仙鱼

鳍

鱼鳍分布在鱼身的不同部位。它们用于向上和向下游动、拐弯、掉头，或者像刹车一样，让鱼停止移动。

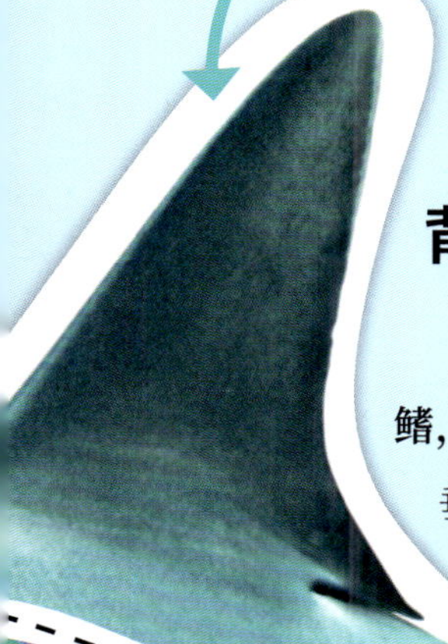

尾鳍

一条流线型的鱼，最末端就是它的尾鳍。大多数鱼在游泳时，要靠左右摆动尾鳍在水中推进。

背鳍

大多数鱼的背部有一个背鳍，能让鱼的身体在水里保持垂直。鲨鱼的背鳍最明显。有些鱼有两个背鳍。

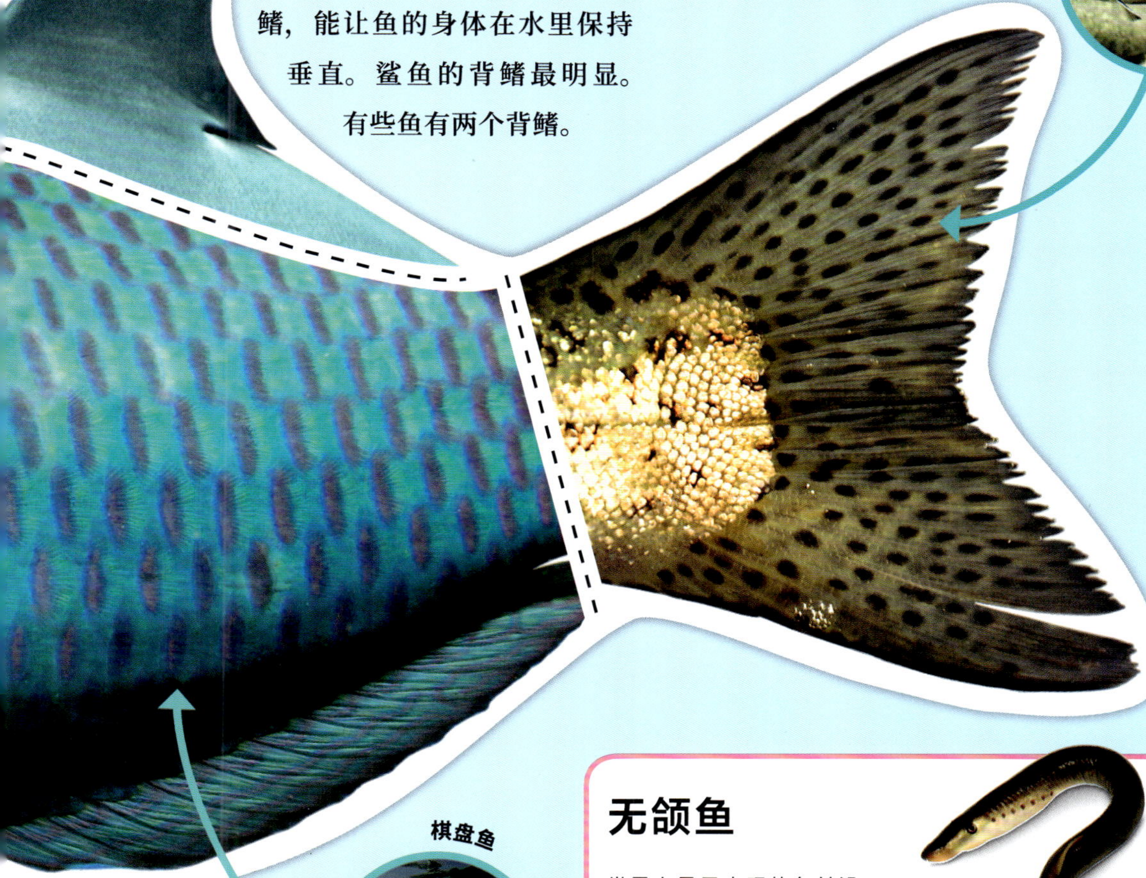

鳞

有的鱼皮肤光滑，但大多数鱼有鳞、刺或骨板的保护。鳞的颜色和图案可以帮助鱼躲避捕食者，或者帮助它们吸引伴侣。

无颌鱼

世界上最早出现的鱼并没有下颌，现今仅存的无颌鱼是七鳃鳗。这种长长的鱼有柔韧的骨架，圆圆的嘴巴里有许多牙齿。大多数七鳃鳗用嘴吸附在其他鱼身上，吸食它们的血。

七鳃鳗

七鳃鳗的嘴像吸盘一样。

无脊椎动物

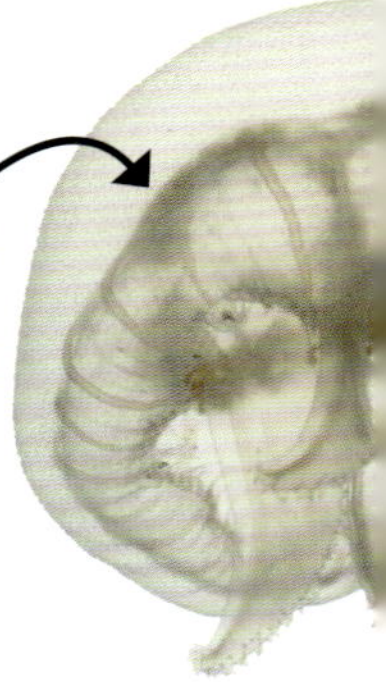

在每个大洋里都发现了水母。

没有脊柱的动物叫作无脊椎动物。它们占据动物中的绝大多数，是地球上的主要生命形式。无脊椎动物没有骨架，它们的身体被其他东西支撑和保护，比如液体或外壳。

蜘蛛有 8 条腿，大多数有 8 只眼睛。

蛛形纲动物

蛛形纲动物的身体分为 2 个主要部分，有 4 对足。大多数蜘蛛有毒牙，蝎子的尾巴上有毒刺。

软体动物

软体动物的外形各式各样，但它们都有柔软的身体，有些有保护性外壳。大多数软体动物是亲水生物，但也有许多生活在陆地上，比如一些蛞蝓和蜗牛。

昆虫

这些小生物有 3 对足，身体分为 3 个部分。它们用脑袋上的 2 根触角探触、闻气味和尝味道。许多昆虫也有翅膀。

有些昆虫会蜇人，比如这只胡蜂，还有些昆虫咬人很疼。

水母

水母、海葵和珊瑚可能看起来差异巨大，但它们却是近亲。它们都生活在水里，很多这类简单动物都有带刺的触手，用来捕食和防御。

97%

的动物都是无脊椎动物！

3%

如果用这两页内容代表动物界，那么所有的脊椎动物都在这一小块蓝色区域里，包括所有的鱼类、两栖动物、爬行动物、鸟类和哺乳动物！

海星和海胆

这些动物生活在海里，但并不会游泳。它们拥有独特的对称外形，还长着棘刺保护自己。

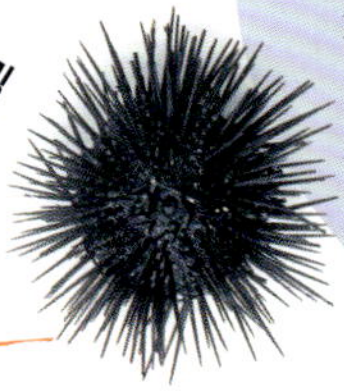

海星通常有 5 个腕，但有些海星的腕多达 40 根。

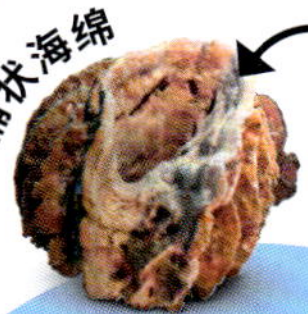

跟其他动物不一样，海绵不会移动。

海绵

海绵是最简单的动物。它们住在海里，附在岩石或珊瑚礁上。世界上最早的海绵生活在大约 6 亿年前。

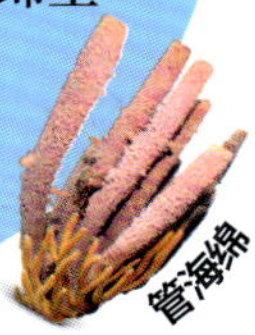

甲壳动物

这些身体坚硬的无脊椎动物在水里生活自如。它们的腿长有关节，身体分成多节。大型甲壳动物，比如蟹和龙虾，用它们的大钳子捕杀猎物。

蟹有 5 对足，其中第 1 对足要当钳子用。

蚯蚓吃泥土里腐烂的叶子。

蠕虫

蠕虫的身体细长、柔软，分成很多节。它们通过皮肤呼吸，所以如果它们生活在陆地上，就得保持皮肤潮湿。身体上的刚毛能帮助它们四处移动。

昆虫

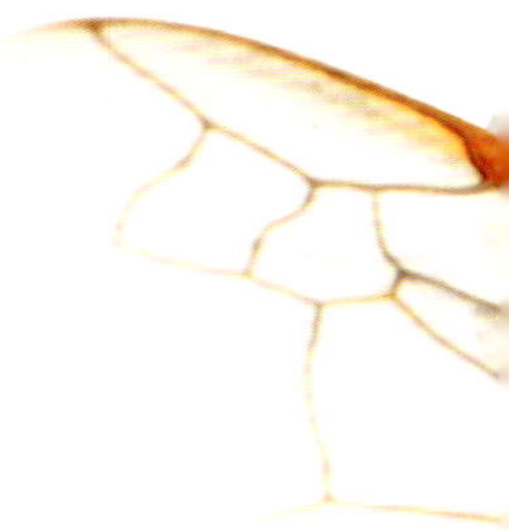

地球上的昆虫比其他任何种类的动物都多。迄今为止，人们已经发现超过 100 万种昆虫，但实际上昆虫可能有 1000 万种！昆虫个头儿小，很多还会飞行，这意味着在世界上许多地方都能发现它们的踪迹。

昆虫的身体部位

昆虫的身体分为 3 个部分。头部里面有大脑，外面有眼睛、触角和口器。所有昆虫的胸部都有 6 条腿，有些还有翅膀。腹部里有消化器官和生殖系统。

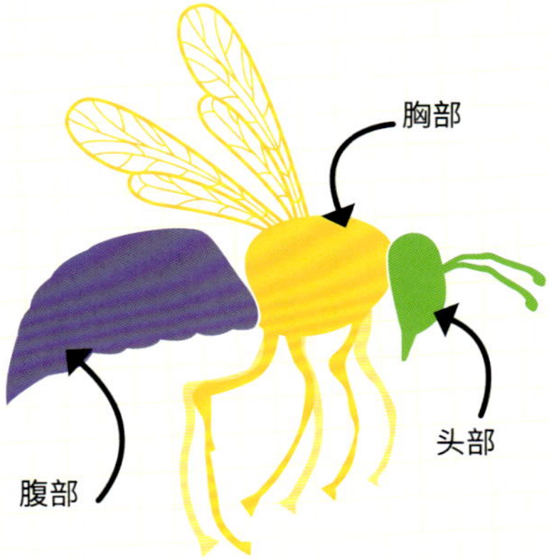

胡蜂

这种昆虫嗡嗡嗡地飞来飞去寻找食物。它们身上黑黄相间的条纹是一种警告，如果被它叮上一口，会很疼。

毒刺可以重复使用。

有用的昆虫

虽然昆虫中有些是害虫，但昆虫对许多生命来说非常重要，特别是开花植物。昆虫还是许多动物的主要食物来源，人类也发现了很多昆虫的益处。

蚕茧

蚕蛾

蚕准备变成蚕蛾的时候，会吐出丝织成茧把自己包起来。人们用蚕丝做衣服，已经有 5000 多年的历史。

成年蚕蛾

翅膀

胡蜂有两对透明的翅膀，它们快速扇动翅膀，飞翔、拐弯和盘旋。

触角

所有的昆虫都有 2 根触角或触须，可以用来探触、闻气味和感知周围环境。

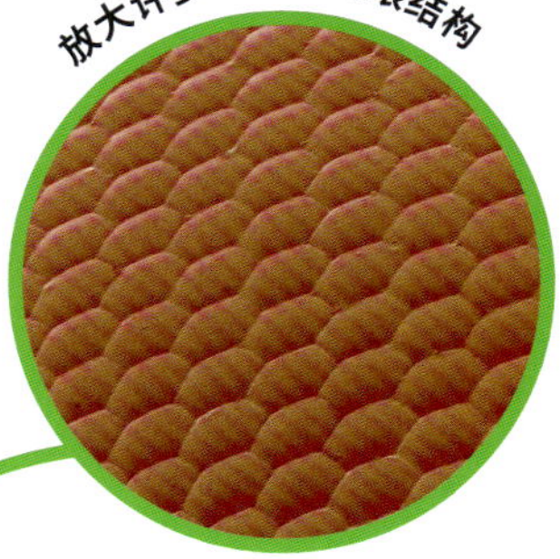

放大许多倍后的复眼结构

眼睛

它们有 2 只大复眼，每只复眼包含上千只小眼，这意味着昆虫特别擅长发现移动的物体。

上颚闭合

口器

大多数昆虫有咬颚。颚后面长着像吸管一样的管子，用来吸取液体食物，比如花蜜。

腿

昆虫有 3 对带关节的腿，用来行走或抓握东西。有些昆虫还擅长跳跃。

熊蜂吸食花蜜。

蜂

蜂很重要，因为它们给花传粉，包括一些农作物的花。蜜蜂用花蜜制造甜甜的蜂蜜。

食用昆虫

昆虫富含蛋白质，世界上有 27% 的人能吃昆虫。炸蟋蟀是一种常见小吃。

炸蟋蟀

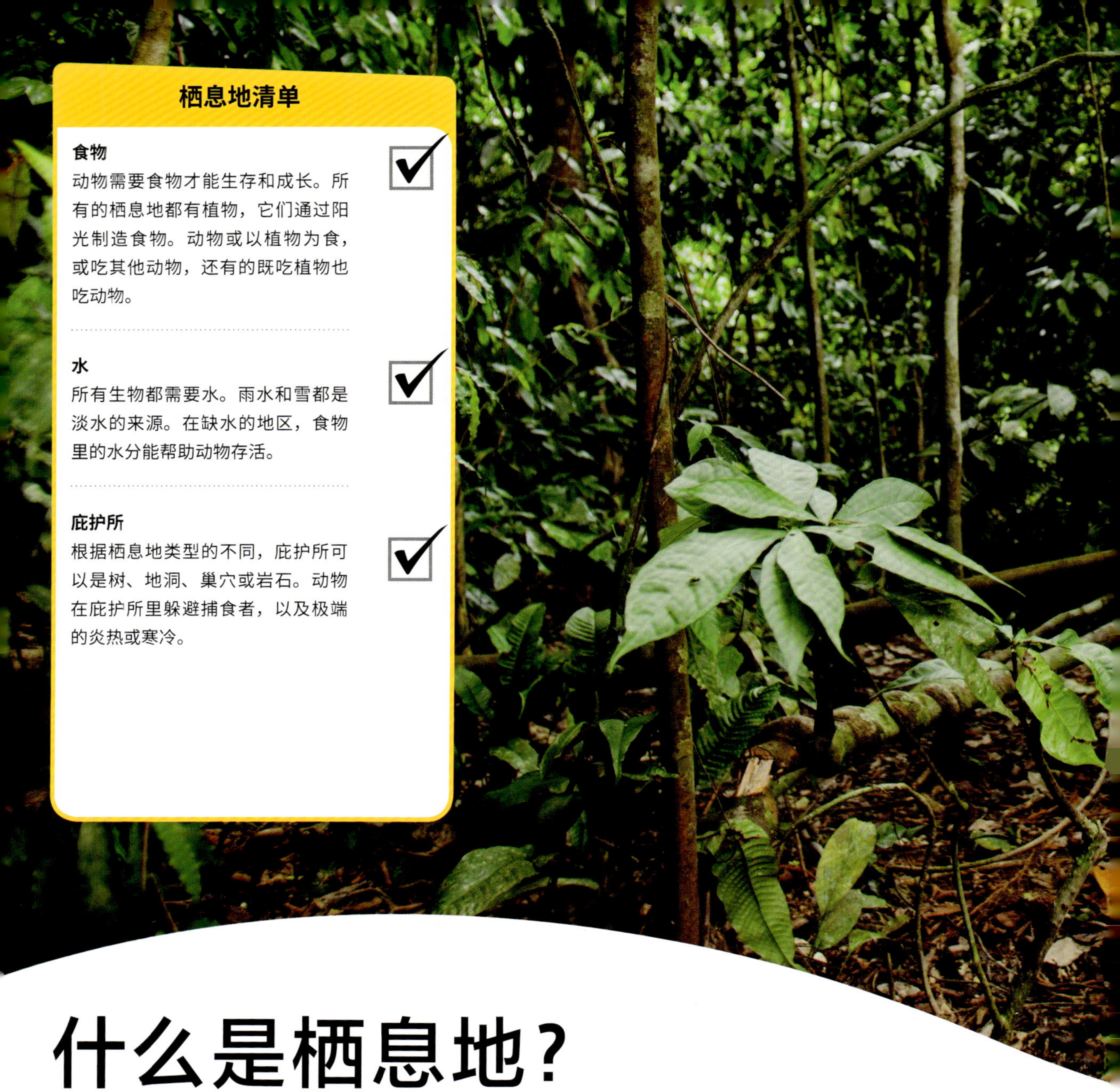

栖息地清单

食物
动物需要食物才能生存和成长。所有的栖息地都有植物，它们通过阳光制造食物。动物或以植物为食，或吃其他动物，还有的既吃植物也吃动物。

水
所有生物都需要水。雨水和雪都是淡水的来源。在缺水的地区，食物里的水分能帮助动物存活。

庇护所
根据栖息地类型的不同，庇护所可以是树、地洞、巢穴或岩石。动物在庇护所里躲避捕食者，以及极端的炎热或寒冷。

什么是栖息地？

在栖息地，动物或植物能找到它们生存所需要的东西，包括食物、水和庇护所。世界上有各种各样的生物栖息地，其中最重要的栖息地之一就是热带雨林，因为许多不同种类的动物和植物都生活在这里。大部分热带雨林位于南美洲、非洲和东南亚地区。

猩猩

位于东南亚婆罗洲和苏门答腊岛的雨林是世界上唯一有猩猩生存的地方。猩猩以水果、树叶和花为食，从浸满雨水的树叶中获取水分。它们还在树上搭窝睡觉。

雨林里的居民

雨林里的生命丰富多样，温暖潮湿的气候非常适合植物生长，为动物提供了大量食物。鸟儿在树顶筑巢，猴子在树枝间跳跃，蜥蜴等大型捕食者在雨林地面上活动。

雨林巨型螳螂

这种凶猛的昆虫是澳大利亚最大的螳螂之一，胃口很大，以蜻蜓和蝴蝶等其他昆虫为食。

猴尾石龙子

猴尾石龙子擅长攀爬，它们生活在澳大利亚附近的所罗门群岛。它们以水果和树叶为食，能用灵巧的尾巴勾住树枝。

栖息地的种类

从炙热的沙漠到冰雪覆顶的高山，世界上的栖息地种类很多。动物们生活在温度、气候和食物最适宜自己的地方。绝大多数栖息地都有许多动植物共同生活。

微型栖息地

微型栖息地非常小，一块石头下面的空间也能成为一个微型栖息地。温度或湿度的极小差异就能让一个微型栖息地对某种动物比对其他动物更有吸引力。海边的岩石区潮水潭就是一个微型栖息地，里面住着许多生物。

岩石区潮水潭

山

高山的雪顶和下方的冷山坡是一些顽强的动物的家。任何高度超过 600 米的陆地都被称作山。

森林

森林里的动物比陆地上其他任何栖息地的动物都多。三种主要的森林类型是湿热的热带雨林、凉爽的温带雨林和寒带针叶林。

草原

热带草原有旱季和雨季。温带草原全年有雨，并有炎热季节和寒冷季节。

沙漠

沙漠是世界上最难生存的栖息地之一，因为这里全年降雨量还不到 25 厘米。这里白天气温非常高，夜晚又特别冷。

极地

南极和北极都漂浮着冰冠，这里天寒地冻，大风呼啸。这些具有极端气候的地方十分空旷，只生活着少量植物和动物。

海洋

地球表面的三分之二被海洋覆盖着。科学家们认为，这个巨大的栖息地里还有几百万种动物尚未被人类发现。

金雕

这种猛禽在大山高处筑巢。它们视力超群，能看到 3 千米以外的猎物，比如雪兔。

棕熊

棕熊觅食的时候，树叶给它们提供掩护。在针叶林里，棕熊厚厚的皮毛让它们在寒冷的冬天保持温暖。

角马

非洲的热带草原被称为稀树草原。角马们吃草，在旱季时它们需要迁徙，以便寻找足够的食物。

沙漠蝰蛇

这种蛇的颜色与沙漠融为一体，捕食者和猎物都很难发现它。它通过捕食蜥蜴获取水分。

北极兔

毛茸茸的白色外套帮助北极兔在冰雪世界中藏身。狂风暴雪到来时，这些兔子会挖雪洞取暖。

热带鱼

色彩斑斓的热带鱼住在温暖的海域里，它们通常生活在珊瑚礁附近。珊瑚礁是它们居住、藏身和觅食的地方。

又深又黑的地方

海洋最深处距离海面远远超过 1000 米。住在这个巨大栖息地里的动物要应对许多挑战。鱼类和其他海洋生命需要面对永久的黑暗、严酷的寒冷、极少的食物，以及上方大量海水施加的压力。科学家只有借助一种叫作潜水器的特殊设备才能看到这些动物。

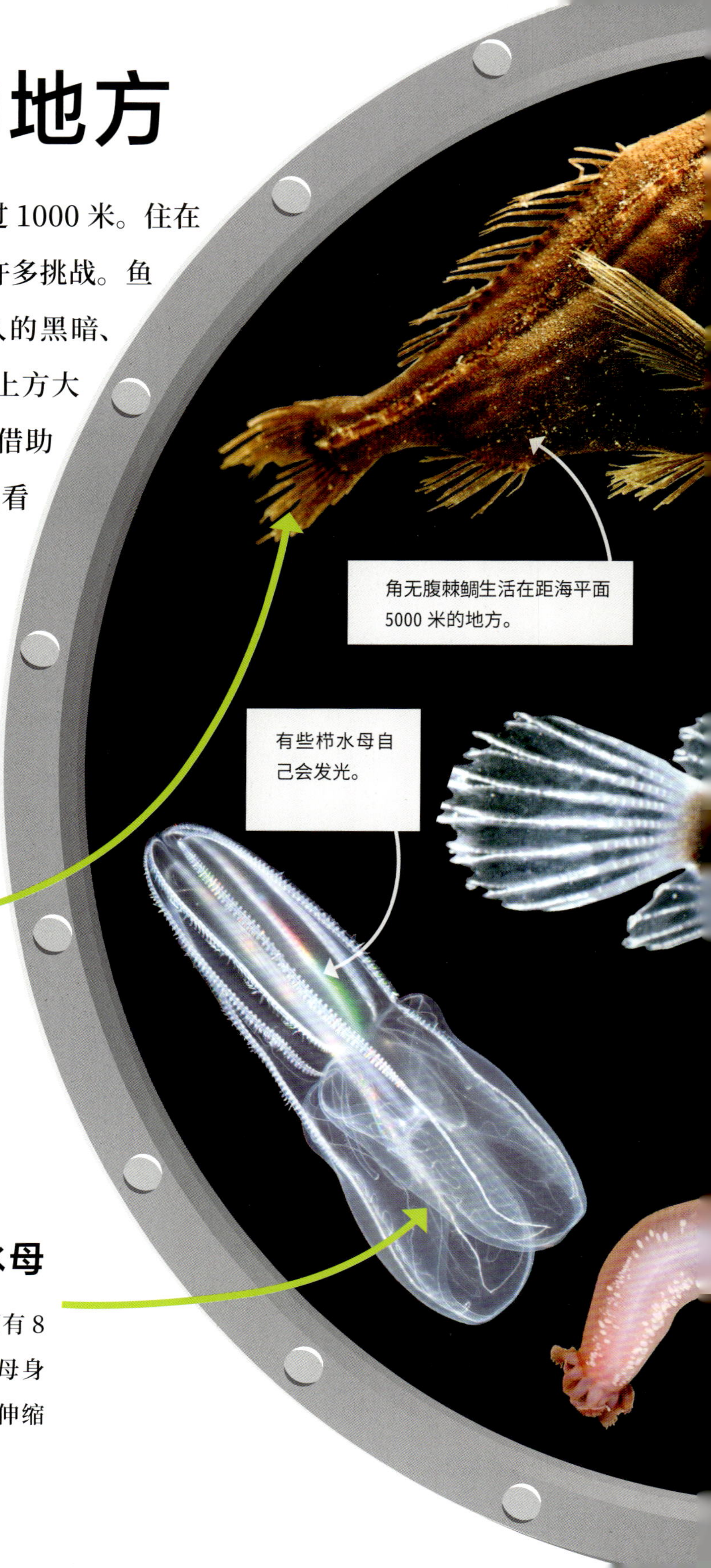

角无腹棘鲷

和这条角无腹棘鲷（俗称尖牙鱼）类似，许多深海鱼都有下颌，能够伸展牙齿，并把牙齿磨尖，随时准备捕捉它们发现的任何食物。角无腹棘鲷体长 15 厘米至 18 厘米，与其体长相比，它的牙齿是所有鱼类中最大的。

栉水母

栉水母是无脊椎动物，身体表面有 8 排细小的绒毛，叫栉齿。一个栉水母身上有成千上万根绒毛。栉水母通过伸缩绒毛四处移动。

超级生存者

没有什么比缓步动物更顽强。这些小动物也被称作“水熊虫”，身长通常不到 1 毫米，能在海洋最深处生活。它们在干旱条件下也能存活，被冰冻、被煮沸也不会死。缓步动物甚至能在太空中生活！

小飞象章鱼

相比于其他章鱼，这些章鱼生活的海域更深。它们在水下 4000 米的海床寻找食物。

鮟鱇鱼

鮟鱇鱼不通过游动觅食，它们把猎物引诱到自己的攻击范围内。鮟鱇鱼有一张大嘴巴，可以吞下大猎物。

海参

这种海洋动物的英文名字叫海黄瓜(sea cucumber)，因为它们的形状很像黄瓜，有时候连颜色都像。海星和海胆是它们的近亲。

动物的家

世界上没有哪里能与家相比，动物们是技艺高超的建筑师。它们创意十足，建造各式各样的房子，在里面生活和养育幼崽。无论在树顶还是地下，动物的家最重要的特点是安全、遮风挡雨和温暖。大自然提供了许多建筑材料，比如草、树枝和泥，动物们可以用它们建造房子。

兽穴

狐狸和熊挖穴。雌性北极熊在北极的雪地里挖穴，它们冬天在这里产崽。它们会照顾幼崽 3 个月，直到宝宝们准备好面对外边的世界。

网

有些动物自己生产建筑材料。蜘蛛的身体末端有一个特别的器官叫纺器，可以吐丝。蜘蛛用丝织成错综复杂的网，来捕食猎物。

坝里的河狸一家

坝

河狸擅长游泳，所以选择在有水的地方建坝。河狸用泥和树枝搭建结构稳固的坝，并将入口建在水下，防止捕食者进来。

獾穴

獾在地下深处挖洞穴和隧道，连成网状。这些害羞的动物夜晚才从穴里出来觅食。

松鼠窝

树上那个看起来像一堆小木棍的东西可能是一个松鼠窝。松鼠窝是用树叶、小树枝和苔藓做的。在冬季，松鼠窝更大、更厚，给松鼠们带来足够的温暖。

巢

不是只有鸟才会筑巢。胡蜂把木头和植物嚼碎做成纸，再用这些纸筑成巢。它们做的巢很牢固，是产卵、养育后代的好地方。

壳

想象一下，把你的家背着走！寄居蟹用空的贝壳当家，住在里面。如果寄居蟹长大了，原来的贝壳太挤，它就会再找一个大贝壳。

土丘

小小的白蚁用集体的力量建造大大的土丘，土丘可高达10米！土丘是用白蚁的唾液和粪便混合泥土堆成的。土丘壁上的小洞可以透气，让里面更凉快。

适应性

如果一种动物非常适应它的栖息地，我们就会说它有适应性。适应得越好，它就越有可能存活下来。比如，企鹅浓密的羽毛是很棒的适应性进化，能让它在雪地里保持温暖，但要是在沙漠里，这样可就太热了。

在沙漠里

沙漠非常热，没有多少水。有些动物，比如骆驼，已经变得非常适应这种环境。它们很多天不喝水也能生存，有驼峰囤积脂肪以储备能量，长长的睫毛把沙子挡在眼睛外面。

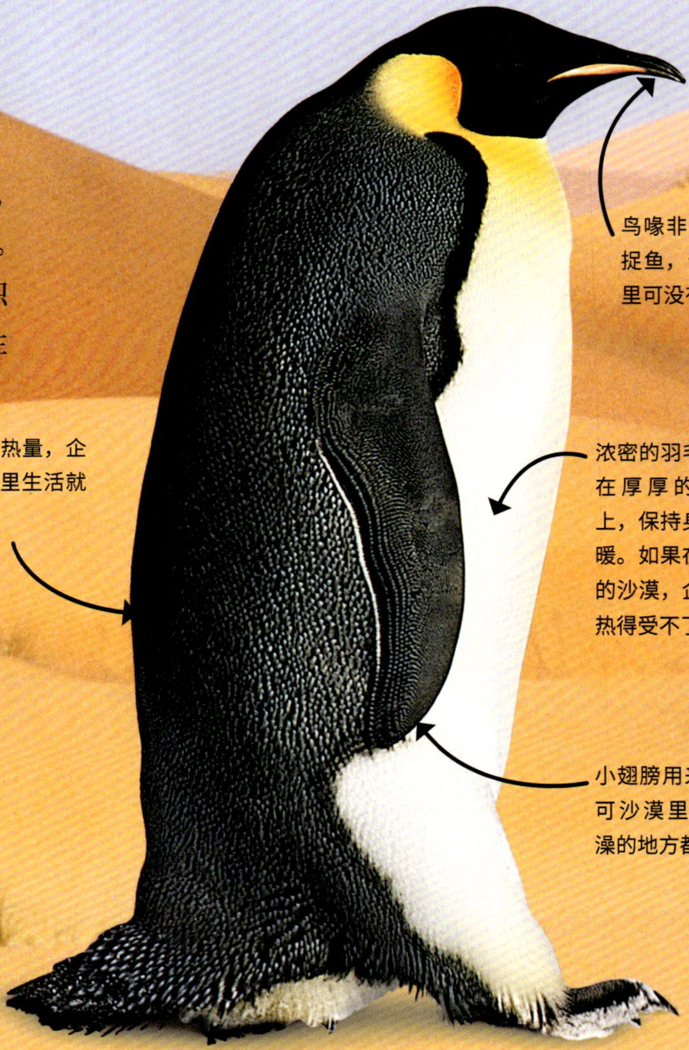

帝企鹅
这种鸟有许多“武器”，帮助它在冰天雪地的南极保持温暖。如果你把它放在沙漠里，它很快就会热过头了。

单峰驼

棘蜥

这种长着刺的蜥蜴生活在澳大利亚的沙漠里。它身上的鳞片可不像羽毛或毛发，鳞片散热非常快，所以如果它生活在雪地，就会冻僵。

这种蜥蜴身上的颜色让它在沙漠里变得隐秘，若是来到雪地上，这身颜色就太显眼了。

棘蜥爱吃蚂蚁，但在冰雪里可找不到蚂蚁。

在雪地里

在冰天雪地的地方，保持温暖非常不容易。北极狐有厚厚的毛发，让自己温暖又舒服。它们的毛在夏天是灰色的，到了冬天就变成白色，跟白雪融为一体，帮助它们在捕猎的时候偷偷靠近猎物。

北极狐

在海里

许多种动物都适应了在咸咸的海里生活。黑鳍礁鲨拥有流线型的身体，帮助它在水里滑行；跟其他鲨鱼一样，它也有鳃，可以在水下呼吸。

黑鳍礁鲨

绿树蛙

蛙需要在淡水中生活。如果一只绿树蛙掉进海里，高盐度的海水会对它产生危害，它会死掉。

雄蛙通过“呱呱”叫来吸引配偶。但在水下，它们的声音谁也听不见。

强壮的后腿在游泳时有用，可这种蛙更喜欢生活在陆地上。

牙齿

让动物们去看一下牙医，就知道它们晚餐吃的是什么。大多数动物根本没有牙齿。有的动物只有一种牙齿，比如爬行动物。哺乳动物有三种牙齿：嘴巴前面的门齿可以把食物切下来，侧面的犬齿可以咬紧、撕扯食物，后方的臼齿用来咀嚼、研磨食物。

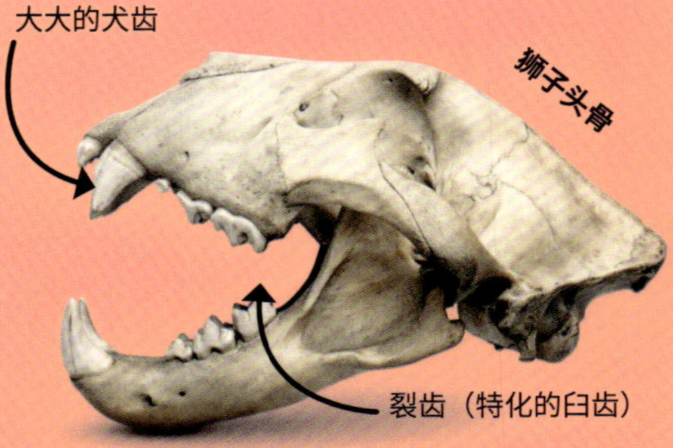

食肉动物

只吃肉的动物叫食肉动物。食肉的哺乳动物包括狮、虎和狼。它们有长而尖的犬齿，用来刺入和咬紧猎物。它们锋利的裂齿像剪刀一样，能把肉切成小块，方便吞咽。

哇哦！

在所有动物中，蜗牛的牙齿最多。它们的小牙齿长成一排一排的，有成千上万颗。

狮子

它们的牙齿天生就是用来杀死猎物的。大多数时候，公狮都让母狮去捕猎。当母狮捕获了猎物，比如一只斑马的时候，公狮总是先吃。

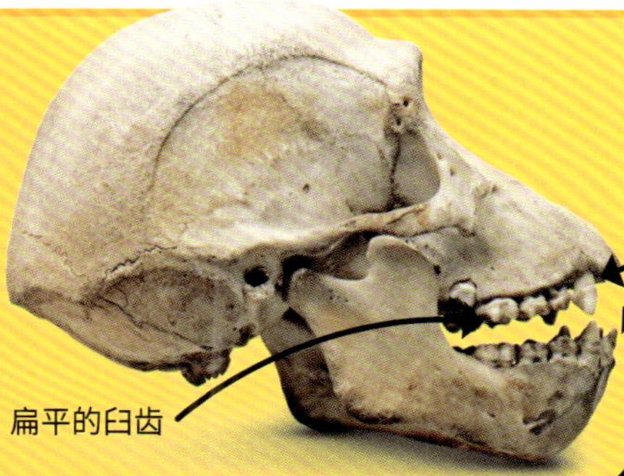

杂食动物

杂食动物的食谱比较丰富，它们既吃肉，也吃植物性食物。它们的门齿、犬齿和臼齿有的尖，有的平，让它们可以吃不同类型的食物。浣熊、刺猬、黑猩猩、人类都是杂食动物。

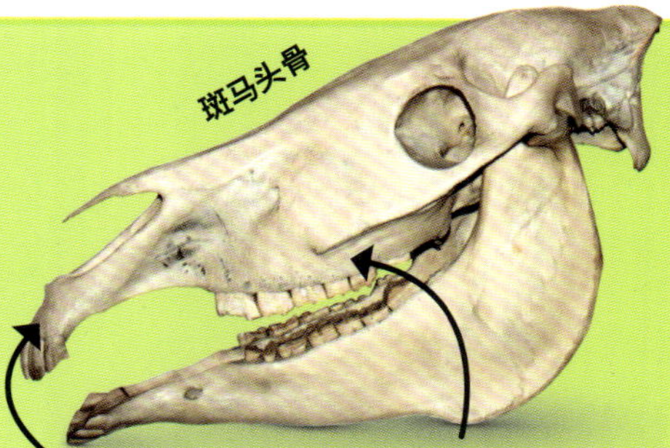

食植动物

吃植物的动物，比如绵羊、奶牛和斑马，叫作食植动物。它们用门齿切断一大口一大口的草和树叶。它们的臼齿强劲有力，表面又宽又平。遇到难嚼的食物，它们要咀嚼很久后再咽下去。

黑猩猩

人类与黑猩猩是近亲，都有 32 颗牙齿，但黑猩猩的犬齿比人类的大。

斑马

斑马生活在非洲大草原上。它们四处游走，寻找最肥美的草吃。

食物链

所有的生物，如果没有食物都活不下去。食物链表示一组动物和植物谁吃谁，是怎样联系在一起的。食物链上的箭头，意思是“被谁吃”。食物链最末端的动物没有天敌。如果链条中的一个环节被移走，整个食物链就会崩溃。

叶子

生产者

几乎每一条食物链都从一种植物开始。这些植物被称为“生产者”，因为它们把阳光中的能量与水和空气组合在一起，制造自己的食物，或者说是生产自己的食物。

完成食物链

下面哪些动物可以填进右侧的两条不完整的食物链中，让食物链变得完整呢？

1

郊狼

这是犬科的野生成员，生活在美洲，吃中小型动物、昆虫和水果。

2

虎鲸

海豚科最大的成员，生活在海洋里，捕食海洋生物和海鸟。

3

章鱼

这种特别的动物有 8 条腕足，在大海里寻找鱼和蟹吃。

4

羚羊

羚羊类动物生活在非洲和亚洲，它们在草原上奔跑，以草和灌木为食。

A

浮游植物

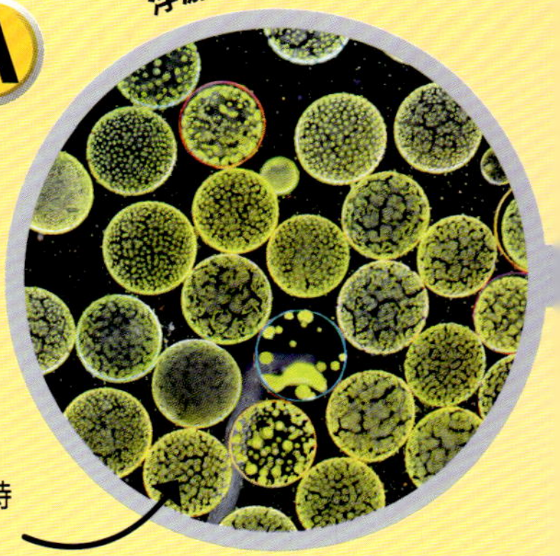

浮游植物是特别小的植物。

B

草

毛虫

欧亚鸲

猫头鹰

初级消费者

食植动物吃植物。它们是食物链中的一级动物，或称初级动物。它们吃生产者，也可以说是消费者。毛虫是初级消费者，因为它吃叶子。

次级消费者

吃食植动物的动物，是次级消费者。它们可能是食肉动物，以其他动物为食；也可能是杂食动物，既吃动物也吃植物。欧亚鸲是一种次级消费者。

三级消费者

三级消费者主要是食肉动物。它们以次级消费者为食。猫头鹰是这条食物链上最末端的动物，它不会被任何动物吃掉。不过其他食物链可能更长，也可能更短。

磷虾

企鹅

?

提示：
只有一种大型海洋动物能吃到企鹅。

?

提示：
狮子的胃口很大，需要吃大大的一餐。

狮子

顶级捕猎者

在食物链最顶端的动物，叫作顶级捕猎者。这些动物不会被任何动物捕食。比如非洲狮，它们捕杀猎物，却不用担心有任何天敌。

答案：A2 B4

捕猎

食肉动物必须找到食物才能生存下去。它们要一次又一次地侦察、靠近、捉住猎物。它们在幼小的时候，就跟父母学习捕猎技术，也会在游戏中学习这些技术。单独行动的捕食者，比如狐狸，利用技巧和速度捕捉猎物。而像狼这类成群结队行动的动物，会进行团队协作捕捉更大型的动物。

潜行

赤狐的听觉特别敏锐，旅鼠或田鼠等啮齿动物，在雪地下面 1 米深的隧道里行走的动静，赤狐都能听见。它们悄悄地靠近猎物，准备一下子猛扑过去。

猛扑

狐狸头部朝下，扎进雪地，用它锋利的爪子往下挖，捕捉猎物。

哇哦！

一头大白鲨可以闻到水中 5000 米外的血腥味。

种植和放牧

切叶蚁是昆虫界的农夫，它们成群结队一起种植真菌来吃。它们把叶子拖进蚁穴，让真菌在叶子上生长。还有些蚂蚁放养蚜虫——一种吃植物的小昆虫，然后蚂蚁吃这些蚜虫分泌的蜜露。

蚂蚁用下颚举起一片叶子。

蚂蚁在吸食蜜露。

成功！

赤狐找到了它的食物，它用有力的上下颌叼住旅鼠，拖到地面上吃掉。

防御

在动物王国，生存下去并不是一件容易的事。因为一直面临捕食者的威胁，动物们采取各种不同的防御手段，保护自己。对有些动物来说，最好的防御就是反击。它们或咬或踢，或者依靠毒液。还有些动物选择隐匿，藏起来或者装死。

尖刺

邮差毛虫

小个子动物可能努力让自己看起来凶恶一点儿，以避免被吃掉。有些毛虫长出长长的尖刺，让自己很难被吃掉。邮差毛虫还保留着它们吃的植物里的毒素，让自己也变得有毒！

恐吓

枯叶螳

枯叶螳把几种防御手段结合起来用。通常情况下，它很难被发现，因为它看起来就像一片枯叶。然而，如果捕食者逼近，枯叶螳就会张开前臂和翅膀，露出耀眼的颜色，让捕食者害怕，把捕食者吓走。

装死

北美负鼠

有些动物假装死亡，避免被吃掉。如果一只北美负鼠看到了捕食者，它就会蜷起身体，一动不动，保持这个样子好几个小时，看起来就像死了一样。它甚至会释放出一种腐烂的气味，这样捕食者就会放过它，转而去找新鲜猎物。

盔甲

三色犰狳

对行动缓慢的动物来说，身体上的盔甲可以救命。坚硬的壳或粗糙的皮肤，对捕食者来说是巨大的挑战。三色犰狳全身覆盖着骨板。当它蜷成一团的时候，饥饿的捕食者根本没办法攻击它的头部或者柔软的腹部。

哇哦！

大壁虎会用一种特别巧妙的方法来逃离危险。如果捕食者抓住了它的尾巴，尾巴就会断掉，大壁虎就能逃走了！

气味

北美臭鼬

臭味可以让捕食者躲得远远的，特别是臭鸡蛋的气味！北美臭鼬逃跑的时候速度太慢，所以它们从屁股后面喷出一种恶臭的液体。这种刺鼻的臭味威力太强，在 1.6 千米以外的地方都能闻到。

鱼群

黑斑啮鱼

一条小鱼如果单独行动，很容易成为捕食者的目标。许多鱼类，比如这种黑斑啮鱼，会成百上千条聚在一起形成鱼群。融入了群体的鱼，就更难被捕食者挑出来吃掉。

伪装

动物们利用颜色、图案，甚至形状，将自己融入周围环境，这叫伪装。有些动物是行骗高手。在动物王国，面对危险就是生活的一部分，但伪装是一种高超的技巧，可以帮助动物避开饥饿的捕食者，或者悄悄地接近猎物。

发现飞蛾！

你能找到藏在这块树皮上的飞蛾吗？

伪装的飞蛾

桦尺蛾很容易被错过，不过你再仔细看看。这种飞蛾趴在树上的时候，翅膀上的图案与树皮完美地融为一体。

捉迷藏

动物有许多方式隐藏自己。有些动物能模仿一种东西，比如模仿一朵花；有些动物能完全改变颜色；还有些动物聚集在一起，用数量获得安全。

叶尾壁虎

外形相似

这是一截小树枝吗？是一片叶子吗？都不是！它是马达加斯加的叶尾壁虎！有些动物会拟态（模仿）周围环境中的一个物品，比如一片枯叶，这样捕食者就认不出它们了。

斑马群

复视

在草原上，条纹是一种伪装，图案与枝叶融在一起。面对一群斑马的时候，捕食者看到的是一片条纹海洋，很难从中选择一个目标。

你能看见捕捉食蚜蝇的蟹蛛吗？

变色

有些蟹蛛能改变自己的颜色，从白色变成黄色，与它们居住的花朵颜色一致。然后，悄悄捕捉昆虫吃，比如图中这只食蚜蝇。

吸引配偶

一般来说，动物王国的雄性需要赢得雌性的青睐。它们展示自己漂亮的外形，跳出最美的舞蹈动作，告诉雌性，自己健康又强壮。它们迫切地向雌性证明：我才是你未来后代的最佳父亲。

许多眼睛似的斑纹，颜色鲜艳，吸引雌孔雀的注意力。

炫耀

雄孔雀的求偶仪式是一场精彩的表演，它趾高气扬地走来走去，漂亮的羽毛像扇子一样在身后展开。雌孔雀观看它的尾羽表演，判断它是不是合适的配偶。

雌孔雀长着灰棕色的羽毛，以防止被捕食者发现。

一只雄孔雀尾巴上的羽毛可多达150根。

动物吸引配偶的方式

雄性动物吸引配偶，可不只是展示自己让对方看一看。有些动物会使出更奇妙的招数，比如送礼物，或者打一架看谁厉害。

这只雄性盗蛛把抓到的昆虫用丝包裹好，送给一只雌盗蛛，想让它接受自己当配偶。

雄性缎蓝亭鸟用它们最喜欢的彩色物品装饰“凉亭”，创作一个漂亮的展览，以吸引雌性。

雄性长颈鹿用脖子互相击打对方，谁在这场比赛中获胜，就证明谁更强壮，胜者将赢得配偶。

一只青蛙的生命周期

动物从出生到死亡的身体变化，叫作生命周期。绝大多数两栖动物，比如青蛙，刚出生时跟父母长得完全不一样。小蝌蚪是慢慢长大，最后变成青蛙的样子的，这个神奇的过程叫作变态发育。

一只成年雄蛙坐在池塘边，大声地叫着，以吸引雌蛙的注意。

雄蛙与雌蛙在水里相遇，雄蛙抱住雌蛙。当雌蛙产卵的时候，雄蛙让这些卵受精。

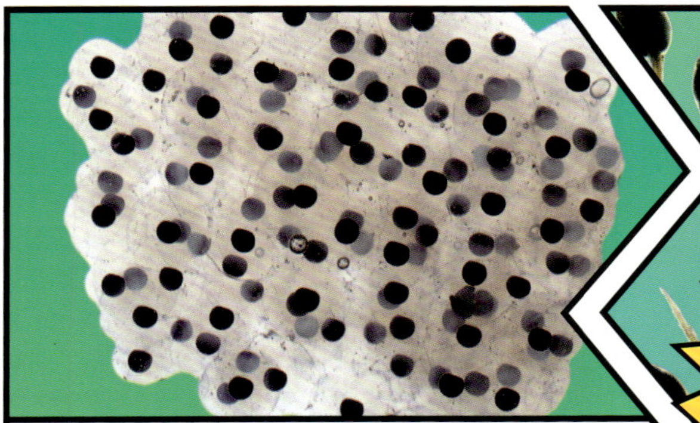

雌蛙在水中产下成千上万颗卵，叫作卵块。每颗卵外面包裹着一层厚厚的胶质。

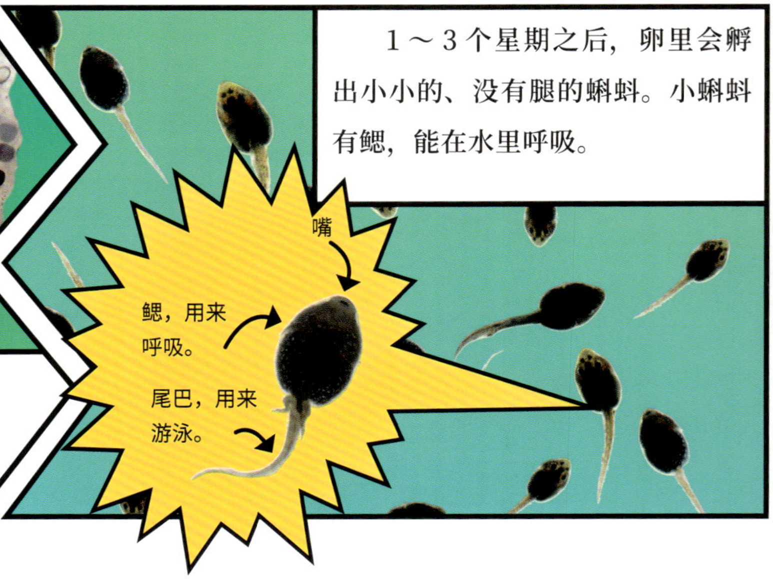

1～3个星期之后，卵里会孵出小小的、没有腿的蝌蚪。小蝌蚪有鳃，能在水里呼吸。

好吃！
美味！
蝌蚪以水藻和其他小植物为食。它越长越大，大约 5 个星期之后，它开始长出后腿。
接着，它长出前腿，身体变得更像青蛙的模样。现在，蝌蚪长得足够大了，可以吃水虱等小型生物了。
尾巴开始缩小。
水虱
14 个星期之后，蝌蚪变成了小青蛙。小青蛙现在长出了肺，能在空气中呼吸。它可以在水里游泳，在地上蹦跳，还会捉小苍蝇等昆虫。
家，甜蜜的家！
春天，成年青蛙回到它出生的池塘。它准备寻找一个配偶，开始新一轮的生命周期。

帮下面这些动物宝宝找到它们的爸爸妈妈吧！

1

这只小鸟刚出生时浑身长满绒毛。

2

这个宝宝食量很大，为发育和改变形态做准备。

3

这只正在游泳的稚虫还没长出翅膀。

A

蜻蜓

新生宝宝可能跟爸爸妈妈住在不一样的栖息地。蜻蜓的宝宝，或者叫稚虫，生活在水下，但长大后会在空中飞翔。

B

袋貂

这种澳大利亚有袋动物有一个大大的、毛茸茸的尾巴，浑身长满厚厚的毛发。雌袋貂会把一个宝宝装在育儿袋里。

C

叶猴

叶猴生活在亚洲雨林里。成年叶猴毛发是深灰色的，但猴宝宝身上的颜色非常鲜亮，让猴妈妈容易找到它们。

动物宝宝

在动物王国，宝宝并不总是长得像爸爸妈妈。新生宝宝长大成年之前，颜色、纹路、图案，甚至身形都跟爸爸妈妈不一样。试着回答上面的问题，看看你知不知道谁是这些宝宝的爸爸妈妈。

斑点和条纹是这个动物宝宝的伪装。

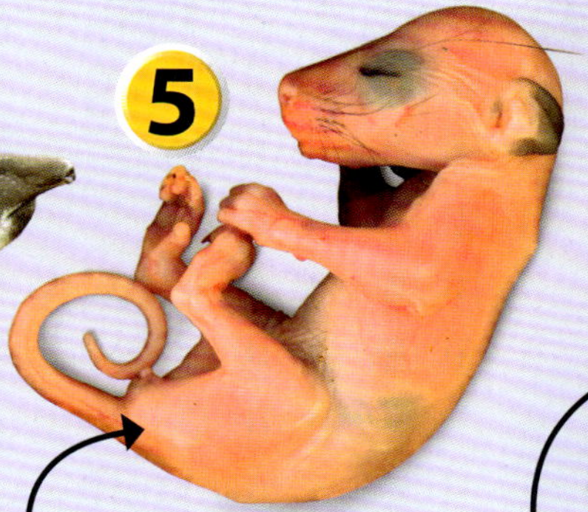

这个小宝宝出生时没有毛发，还闭着眼睛。

这个宝宝出生后的前 6 个月长着橙色的皮毛。

虎皮鹦鹉

这种彩色的鸟是鹦鹉家族中个头儿最小的一种。鸟宝宝出生时身上长着松软的绒毛，慢慢才羽翼丰满。

貘

貘跟犀牛和马是亲戚，它刚出生的时候会长出伪装图案保护自己。成年貘身上的伪装会褪去，因为捕食者对它的威胁变小了。

蝴蝶

有些昆虫，比如蝴蝶，变为成虫的过程非常神奇，叫作变态。它们的身体彻底变了样。

看起来一模一样

有时候，你肯定不会弄错谁是动物宝宝的父母。这些动物宝宝看起来，就是爸爸妈妈小一号的样子。

一只蜥蜴宝宝趴在妈妈的背上。

豚鼠宝宝紧紧地挨着妈妈。

海马宝宝是超小号的海马爸爸的样子。

答案：1D 2F 3A 4E 5B 6C

致命的动物

过于接近它们是非常危险的事！并非所有的动物都是毛茸茸的、可爱的。有些动物擅长制造毒素和毒液。如果碰到毒素，就会致命。但毒液得注入体内才有毒杀效果。毒素可以赶走潜在的捕食者，而毒牙可以用来杀死猎物。

实际大小

箱水母

这种水母的毒液里有 200 种不同的化学成分。

箱水母的触须称得上海里的可怕毒针，能令其他动物瞬间致命。它每一条长长的毒触手包含 5000 个刺细胞，能杀死鱼和其他海洋生命，甚至连人也可以杀死。所以，千万不要离它太近！

内陆太攀蛇只咬一口所含的毒液，能杀死 100 个人！

内陆太攀蛇

澳大利亚的内陆太攀蛇外号叫“猛蛇”，在世界上所有的蛇类中，它的毒液毒性最强。它主要吃老鼠，先咬几口，再整个吞下。

虽然外号叫“猛蛇”，但它其实非常害羞，也很少露面。

金箭毒蛙

这种蛙皮肤有毒，是世界上最毒的动物之一。一只金箭毒蛙可以杀死 10 个人，但只有在哥伦比亚雨林里才能看见这种动物。

最毒！

巴西游走蛛

巴西游走蛛移动迅速。在城镇里，它白天藏在暗处，比如木头堆或是旧箱子里。一旦被打扰，它就会咬对方一口，给出可能致命的一击。

假装有毒

如果一种动物颜色鲜艳，通常表示它有毒。银环蛇毒性剧烈，而无毒的奶蛇经过进化，逐渐模仿出银环蛇的模样。现在，奶蛇的皮肤看起来跟银环蛇是如此相似，以至于捕食者会避开它们。

无毒的奶蛇

有毒的银环蛇

死神之蝎

死神之蝎被称为最致命的动物。虽然这种沙漠蝎的毒液毒性比其他动物的弱，但它杀死的人最多，因为它攻击性极强，尤其是晚上，看见人就咬。

对话专家

我们采访了牛津大学野生动物保护研究中心主任大卫·麦克唐纳博士。他和他的团队研究世界上的许多动物，对狮子尤其感兴趣。

问：我们知道您的工作与动物有关，具体是做什么的呢？

答：野生动物保护的意思是，努力帮助那些在野外濒临灭绝的动物。它们之所以濒临灭绝，很多是由于被人类捕杀，也有其他原因。举个例子，当野生动物，类似豹子或老虎，杀死、吃掉人们养的家畜，人们会非常生气，这就产生了问题。所以，我要想办法，帮助动物与人类和谐相处。

问：是什么原因让你决定去拯救狮子？

答：我选择狮子，因为它们的数量正在急剧减少。现在，非洲只剩下 2 万多头狮子，在 50 年前还有 10 万头呢。

无线电追踪

追踪狮群的一个方法，是把一个无线电发射器戴在其中一只狮子的脖子上。

这头母狮被打了镇静剂，当它睡着的时候，研究者把新的无线电颈圈戴在它的脖子上。

接收器用来接收母狮身上无线电颈圈发出的信号。

问：你工作时都做些什么?

答：我可能花一天去野外寻找野生动物，或者寻找它们的活动痕迹。第二天，我可能去跟当地村民聊天，或者跟人们一起商量保护动物的法规。我还花很多时间研究我们收集到的动物信息。

问：你研究野生动物时需要特殊的设备吗?

答：野生动物保护既需要常规技术，也需要现代科技。有时候，我们通过观察脚印就能发现一只动物；但我们也利用太空中的人造卫星，跟踪几百千米外的狮子的行踪。

问：跟踪狮子危险吗?

答：研究体形巨大的猛兽，比如狮子，并不会比在城市里生活危险，只要你了解它们的习性，小心地对待它们就行。

问：狮子遇到的最大问题是什么？你可以怎样帮助它们?

答：问题是它们正在失去可以安全生活、捕猎的地方；它们惹恼了当地的人，虽然不是故意的。我们告诉村民，怎样能够保护自己的家畜不被狮子攻击；我们使用卫星跟踪技术，发现狮子朝着村庄过来的时候，会提前提醒村民。

把一只小獾放回它出生的丛林。

研究獾

麦克唐纳博士还研究英国的獾。每隔 4 个月捉住它们一次，进行测量和称重。

问：你觉得工作中最好的事是什么？最坏的事又是什么?

答：糟糕的是，许多野生动物处在危险中，问题通常很难解决。不过，最棒的是，我的工作可以提升动物的生活质量，也帮助了生活在动物附近的人。我还能去非常美丽的地方工作，研究让我感到惊奇的动物。

动物与我们

今天驯养家畜的祖先，都曾是野生动物。历经几千年，人们驯养了各种野生动物，改变了它们的外貌和行为。动物为我们提供食物、衣服、交通，还有劳动力。我们还欢迎它们住到家里，成为宠物。

小小的脑袋上面，大大的耳朵垂下来，惹人喜爱。

腿短、身体长，意味着这种小狗能挤进獾的窝。

猎獾犬，也称腊肠犬，有的是长毛，有的是短毛，还有的是卷毛，它们的毛的颜色也不同。

小档案

狗

狗大约有 350 个品种。今天，大多数狗都是宠物，但它们原本是用来完成不同任务的。猎獾犬曾被用来跟踪地下的獾。

猎獾犬

- **体长：** 32 ～ 60 厘米
- **体重：** 4 ～ 12 千克
- **食物：** 干狗粮、肉、骨头、饼干
- **栖息地：** 人类的家
- **预期寿命：** 12 ～ 15 年

有用的动物

有些家养动物，比如狗和猫，生活在我们的家里，被当作家庭成员对待。人们出于更加实际的原因，还饲养其他动物。

鸡 养鸡是为了吃它们的肉和母鸡下的蛋。它们的羽毛也可以用来填充枕头。

猫 猫擅长捉老鼠，也是我们毛茸茸的好朋友。

大耳朵很灵敏，帮助狼发现猎物的踪迹，并且听见同类的嚎叫。

又长又强壮的腿，意味着狼可以走很长的距离去捕食猎物。

厚厚的皮毛让狼在寒冷的天气里也能保持温暖。

哇哦！

成年灰狼的嚎叫声，在 10 千米以外的地方都能听见。

小档案

灰狼

- **身长：** 1 ～ 1.5 米
- **体重：** 16 ～ 60 千克
- **食物：** 驼鹿、马鹿、驯鹿、兔子、松鼠、鱼
- **栖息地：** 森林、高山、北极地区
- **预期寿命：** 6 ～ 13 年

狼

灰狼是所有宠物狗的祖先。它们成群地生活在一起，狼群里大约有 8 匹成年狼，由一对雌雄狼带领。狼结队捕猎，能抓住体形非常大的动物。

美洲驼 美洲驼是强壮耐劳的动物，帮助人们运输沉重的物品。它们的毛皮能用来做暖和的衣服。

奶牛 一头奶牛每天可以生产十几千克奶。奶牛还可以提供牛肉，牛皮能用来制作皮料。

关于动物的事实和数字

动物们是非常迷人的家伙。下面有一些古怪的、奇妙的事，你可能还不知道！

大熊猫

每天要花 16 个小时吃竹子。

吸血蝙蝠

吸血蝙蝠可以在 30 分钟内，吸食重量相当于自身体重 50% 的血。

南美蛇怪蜥蜴能在水面上奔跑。

47 000 000

4700 万只红蟹从印度洋上圣诞岛的森林行进到大海，年年如此。红蟹们要花一个星期才能完成这趟旅程。

阿拉伯大羚羊

一只阿拉伯大羚羊能在 80 千米以外的地方闻到下雨的味道。

蜂鸟

是唯一会倒着飞行的鸟！

蜂鸟悬浮在空中时，每秒钟翅膀扇动 60 次。

1960 年，英国的黑猩猩研究专家珍·古道尔发现，黑猩猩会制造和使用工具。

黑猩猩用一块石头砸开坚果。

18

18 个小时，这是考拉每天睡觉的时间。剩下的时间它们用来吃吃玩玩。

鼹鼠一天可以挖 100 米长的隧道。

3

这是一只章鱼的心脏数量。

动物之最

动物非常神奇！速度最快的、声音最大的、最强壮的、最高的、最矮的，每一种破纪录的动物都是赢家。让你跟下面这些动物比一比，结果会怎么样呢？

猎豹在 3 秒钟之内，奔跑时速就可以提升到 115 千米。人类最快的跑步纪录是每小时 45 千米。

粪金龟能推动重量相当于自身体重 1141 倍的东西，这等同于一个人同时推动 6 辆公共汽车。

一只雌性亚马孙食鸟蛛重约 170 克，跟一个中等大小的苹果差不多重。雄性食鸟蛛的体重则小得多。

长颈鹿是世界上现存最高的动物，它有长长的腿、长长的脖子，身高能达到 6 米。

巨桶海绵能活 2300 年，是弓头鲸寿命的 10 倍多。弓头鲸是最长寿的哺乳动物。

成年蜉蝣只存活一天。它们不吃东西，在找到配偶，雌性蜉蝣产卵之后，就会死去。

帝企鹅能潜到 565 米深的水下。它们在捕食时，能在水下停留 22 分钟。

旗鱼在短时间冲刺的时候，游泳时速可以达到 110 千米。这意味着，它在每秒钟能游出 10 倍于自身长度的距离。

雪豹在追捕猎物时，能跳跃 15 米远，大约是它身长的 15 倍。

柯氏喙鲸能潜到水下 3000 米深的地方。有记录显示，一头柯氏喙鲸在水下停留时间长达 2 小时 18 分钟。

蜂鸟身长 5 厘米，体重只有 1.6 克。它产的卵比一粒豌豆还要小。

柄翅卵蜂个头儿很小，肉眼几乎看不到。最小的柄翅卵蜂只有 0.16 毫米长，可以很轻松地待在这句话末尾的句号里。

枪虾可以快速合上它的巨螯，在水里制造一个气泡。在它使劲合上巨螯的时候，产生的声音有 218 分贝，比枪声还要响。

猪鼻蝠体重只有 1.5 克，身长 3 厘米，又名大黄蜂蝙蝠。

蓝鲸身长 33 米，体重 150 吨，跟一架大型喷气式飞机差不多大。蓝鲸的心脏就有小汽车那么大。

北极燕鸥每年从北极飞到南极，然后再飞回去，飞行距离长达 7.1 万千米，而且要持续将近 30 年。

词汇表

学习关于动物的知识时，了解以下词汇，对你会很有帮助。

保护 努力阻止一种动物或植物灭绝

变色龙 变温动物

变态 有些动物从幼年长到成年，会变成一种不同的形态，这个过程叫变态。比如，蝌蚪变成青蛙

变温动物 这种动物的体温随着周围空气或水的温度变化而变化，时高时低

捕食者 捕捉其他活着的动物当食物的动物

哺乳动物 恒温脊椎动物，皮肤外覆盖着毛发，用奶哺喂幼崽

毒素 动物或植物释放出的有害物质，如果接触或吞食，可能致死

毒 危险的东西，比如毒液

毒液 动物或植物释放的有毒物质，如果被刺或被尖牙注入皮肤，可能致命

对称 某种形状的两个部分完全匹配

繁殖 生产幼崽

肺 脊椎动物体里的呼吸器官

海洋生物 指生活在海洋里的动物和植物

恒温动物 体温恒定不变的动物

环境 动物或植物生活的地区周围

脊椎动物 有脊柱的动物

家养动物 宠物或牲畜，它们可能生活在人们的家里或者农场里

甲壳 动物身体上天然生成的硬壳，有保护作用

节肢动物 一类无脊椎动物，有坚韧的外骨骼，身体分成不同部分

两栖动物 变温脊椎动物，它们的生命从水里开始，长大后在陆地和水域之间辗转

猎物 被捕捉当食物的动物

灵长类动物 哺乳动物的一个种类，包括猴子

灭绝 一种动物或植物全部死掉，世界上一个都不剩

变色龙是变温动物。

拟态　一种动物模仿其他动物的外表或行为

鸟　一种恒温脊椎动物，有羽毛，通常会飞

爬行动物　变温脊椎动物，有鳞状皮肤，产卵繁殖后代，比如蛇、蜥蜴和鳄鱼

栖息地　一种动物或植物的天然生活环境

求偶　特别的动物行为，期望吸引一个配偶

热带　温度高、经常下雨的地区或气候区

软骨　动物身体中一种结实又柔韧的物质，是它构成了鲨鱼的骨骼

鳃　鱼和一些两栖动物的器官，能让它们在水下呼吸

珊瑚虫　外骨骼坚硬的小海洋动物，在温暖的海域会堆积成广泛分布的礁石

食腐动物　这种动物吃已经死亡的动物的肉，死亡动物可能是被捕食者攻击而死，也可能是自然死亡

食肉动物　只吃肉的动物

食植动物　只吃植物的动物

适应性　一种动物或植物更好地适应栖息地的方式。比如，企鹅厚厚的羽毛让它在冰冷的地方保持温暖

水生生物　生活在水里的动物或植物

蛙　一种两栖动物

微型栖息地　小栖息地，比如一片叶子的背面

伪装　动物皮肤、毛发或羽毛上的颜色或图案，帮助它隐藏在周围环境中

温带　温度适中的地区或气候区

无脊椎动物　没有脊柱的动物

物种　属于同一个物种的动物或植物有相同的特征，可以交配，可以一起生产幼崽

夜行性动物　在夜晚活动的动物，它们在晚上捕猎或进食

营养　动物生存所需的不同食物

杂食动物　既吃植物又吃动物的动物

金箭毒蛙是一种两栖动物。

植被　在一个特定栖息地发现的植物生命

祖先　与某个近代动物或植物有关系的较古老的动物或植物

索引

致谢

感谢以下人士在编写本书时给与的帮助：露丝·奥洛克和凯瑟琳·蒂斯协助编辑，亚历山大·比德校对，海伦·彼得编写索引，尼拉杰·巴蒂亚抠图，加里·奥布勒摄影。出版商还要感谢野生动物保护研究中心的大卫·麦克唐纳教授及其团队对《对话专家》板块的支持，感谢英国布格斯机构的马丁·法郎士和埃米动物园的马克·埃米所提供的帮助。

本书出版商由衷地感谢以下名单中的人员提供照片使用权：
t=顶端, a=上方, b=下方, l=左侧, r=右侧, c=中间, f=底图

3 Corbis: Don Farrall / Ocean (cb). **Dorling Kindersley:** Natural History Museum, London (tr). **4 Alamy Images:** Nature Picture Library (clb); Malcolm Schuyl; Rolf Nussbaumer Photography (cr). **5 Alamy Images:** Image Source (t). **Getty Images:** Tom Brakefield / Photodisc (bl). **6 Dorling Kindersley:** Blackpool Zoo (clb). **8-9 FLPA:** Frans Lanting (c). **9 Dorling Kindersley:** Booth Museum of Natural History, Brighton (fcra); Jerry Young (ca). **10-11 Alamy Images:** WaterFrame (b). **10 Alamy Images:** Life on White (crb). **Dreamstime.com:** Greg Amptman (br). **Fotolia:** Eric Isselee (ca). **11 Corbis:** image100 (crb). **Dorling Kindersley:** Jerry Young (c). **Fotolia:** Eric Isselee (fcr). **12-13 Alamy Images:** Johan Swanepoel (c). **12 Alamy Images:** Daniel Kulinski (tr). **13 Dorling Kindersley:** Cotswold Wildlife Park & Gardens, Oxfordshire, UK (br); Neil Fletcher (ca); Liberty's Owl, Raptor and Reptile Centre, Hampshire, UK (fcr); E. J. Peiker (cb). **16 Alamy Images:** Life On White (clb). **18 Alamy Images:** Arterra Picture Library (bl). **Corbis:** (crb); Pete Oxford / Minden Pictures (c); Don Farrall / Ocean (cr); Norbert Probst / Imagebroker (bc). **Dreamstime.com:** Dean Bertoncelj (cl); Tdargon (tc). **18-19 Corbis:** Eiko Jones (c). 19 **Alamy Images:** Lamprey (crb); Masa Ushioda (tc). **Corbis:** Jelger Herder / Buiten-beeld / Minden Pictures (br); Jeff Hornbaker / Water Rights (c); Norbert Probst / Imagebroker (cb). **Dreamstime.com:** Lukas Blazek (cra). 20 **Dorling Kindersley:** Forrest L. Mitchell / James Laswel (fcrb); Liberty's Owl, Raptor and Reptile Centre, Hampshire, UK (fclb); Natural History Museum, London (clb). **Dreamstime.com:** Johan007 (crb). **21 Alamy Images:** Linda Pitkin / Nature Picture Library (tc). **Dorling Kindersley:** Natural History Museum, London (cla); Linda Pitkin (cra). **Dreamstime.com:** Stubblefieldphoto (crb). **22 Dorling Kindersley:** Natural History Museum, London (br). **22-23 Alamy Images:** OJO Images Ltd. **23 Corbis:** Steve Gschmeissner / Science Photo Library (tr); Albert de Wilde / Buiten-beeld / Minden Pictures (cr). **24-25 naturepl.com:** Anup Shah. **27 Corbis:** Jim Brandenburg / Minden Pictures (cb); John Hyde / Design Pics (tc); W. Rolfes (ca/Brown Bear); Valentin Wolf / Imagebroker (ca); Michael & Patricia Fogden (c); Stuart Westmorland / Image Source (b). **28-29 Alamy Images:** PF-(usna1) (b). **Corbis:** Nature Picture Library (cb); Norbert Wu / Minden Pictures (t). **28 naturepl.com:** David Shale (crb). **29 naturepl.com:** David Shale (cla). **Science Photo Library:** Eye Of Science (cra). **30 FLPA:** Ingo Arndt / Minden Pictures (bc); Matthias Breiter (tr); Imagebroker / Gerken & Ernst (cr). **Getty Images:** Russell Burden (bl). **31 FLPA:** Ingo Arndt / Minden Pictures (crb); Roger Wilmshurst (tl). **32 Corbis:** Tariq_M_1 / Room The Agency (bl). **Getty Images:** David Tipling / Digital Vision (cr). **33 Alamy Images:** ArteSub (bl). **Corbis:** Roberta Olenick / All Canada Photos (cra). **Getty Images:** Paul Oomen (tl). **34 Dreamstime.com:** Mike Carlson (br). **35 Alamy Images:** Sabena Jane Blackbird (tr). **Corbis:** Cyril Ruoso / Minden Pictures (bl). **Dorling Kindersley:** The Natural History Museum, London (tl). **Dreamstime.com:** Duncan Noakes (br). **36 Alamy Images:** Blickwinkel / Mcphoto / Bio (crb). **Dorling Kindersley:** Greg and Yvonne Dean (bl); Andy and Gill Swash (cl). **Dreamstime.com:** Musat Christian (fclb). **37 Corbis:** F. Lukasseck / Masterfile (cb). **Dreamstime.com:** Isselee (bc). **38 Alamy Images:** David Hosking (l). **38-39 Alamy Images:** David Hosking. **39 Alamy Images:** FLPA (ca, cra); David Hosking (r). **40 123RF.com:** Marion Wear (cb). **Corbis:** Joe McDonald (crb). **41 123RF.com:** cbpix (crb). **Alamy Images:** Redmond Durrell (tl, cla). **42-43 Corbis:** Ingo Arndt / Minden Pictures. **43 Corbis:** Frans Lanting / Mint Images (cr); Michael Quinton / Minden Pictures (bc). **FLPA:** Nicolas Cegalerba / Biosphoto (ca). **44-45 Alamy Images:** Aditya "Dicky" Singh. **45 Alamy Images:** Blickwinkel / Lohmann (br); Photoshot (cra); Dave Watts (cr). **48 FLPA:** Bernd Rohrschneider (c). **Getty Images:** Herman du Plessis (tl). **naturepl.com:** Fiona Rogers (cr). **49 Alamy Images:** John Cancalosi (tc); Jamie Craggs / Papilio (br). **Dorling Kindersley:** Cotswold Wildlife Park (c, tl); Natural History Museum, London (cr). **Dreamstime.com:** Bidouze Stéphane (tr). **FLPA:** Mitsuaki Iwago / Minden Pictures (bc). **Getty Images:** James Gerholdt (bc/Gecko). **50 Alamy Images:** Kelvin Aitken / Visual&Written SL (cl). **Dreamstime.com:** Ben Mcleish (bc). **51 Alamy Images:** Barry Turner (tr). **Corbis:** Imagemore Co., Ltd / Imagemore Co., Ltd. (cb). **Dorling Kindersley:** Twan Leenders (br). **52 (c) David Macdonald** (www.wildcru.org): WildCru (all images). **53 Andrew Harrington:** (tr). **54 Alamy Images:** Hollie Crabtree (br). **55 Alamy Images:** Moodboard (br). **Dorling Kindersley:** Jerry Young (tl). **Dreamstime.com:** Eric Isselée (bl). **56-57 Corbis:** Poelking, F. **56 123RF.com:** czalewski (crb). **Corbis:** Ingo Arndt / Minden Pictures (bc); Bence Mate / Visuals Unlimited (clb); Nature Picture Library (br). **Dorling Kindersley:** Jerry Young (cla). **57 123RF.com:** szefei (fclb). **Corbis:** Hans Overduin / NIS / Minden Pictures (ca); Christian Zappel / imagebroker (cl); Cyril Ruoso / Minden Pictures (cr); Reinhard, H. (cb). **naturepl.com:** Aflo (bl). **58 Corbis:** Cisca Castelijns / NiS / Minden Pictures (bc); Suzi Eszterhas / Minden Pictures (tr); Rolf Nussbaumer / Nature Picture Library (cl); Pete Oxford / Minden Pictures (c); Erich Schmidt / Imagebroker (cr); Michele Westmorland (bl). **Getty Images:** Frank Krahmer / Photographer's Choice (br). **59 Alamy Images:** Kevin Elsby (cl); Nature Picture Library (tr). **Corbis:** (tl); Tim Fitzharris / Minden Pictures (tc); Fred Bavendam / Minden Pictures (cr); Flip Nicklin / Minden Pictures (bc). **FLPA:** Photo Researchers (bl). **Science Photo Library:** Dr. Harold Rose (c)

Cover images: *Front:* **Dorling Kindersley:** Natural History Museum, London cra; **Dreamstime.com:** Musat Christian fcr; **Fotolia:** Jan Will fcra; **Getty Images:** Aditya Singh c; **naturepl.com:** Mark Bowler tr; *Back:* **Dorling Kindersley**: Forrest L. Mitchell / James Laswel clb, Natural History Museum, London tc; Front Flap: Dorling Kindersley: E. J. Peiker br/ (Inside); Fotolia: Eric Isselee bc, clb/ (inside); Back Flap: Dorling Kindersley: Natural History Museum, London clb, Gary Ombler / The University of Aberdeen tl/ (front); **NASA:** JSC cb/ (front)

我已经获取的知识：

动物种类

两栖动物

主要特征

- 变温动物
- 大部分为卵生
- 皮肤湿润
- 有时候生活在水中

爬行动物

主要特征

- 变温动物
- 大部分为卵生
- 有些为胎生
- 鳞状皮肤或骨板

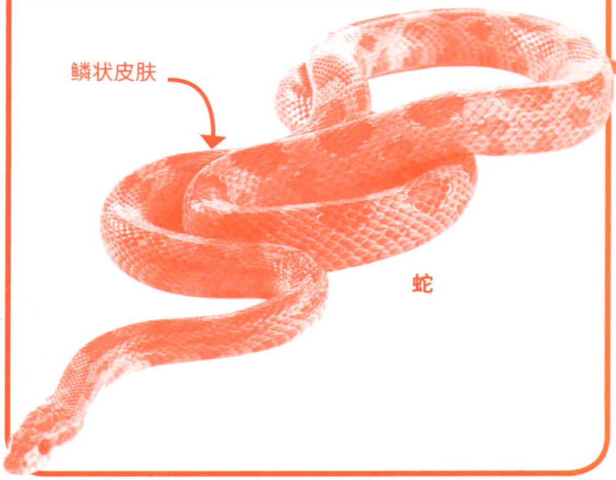

鸟类

主要特征

- 恒温动物
- 卵生
- 长有羽毛
- 大多数会飞行

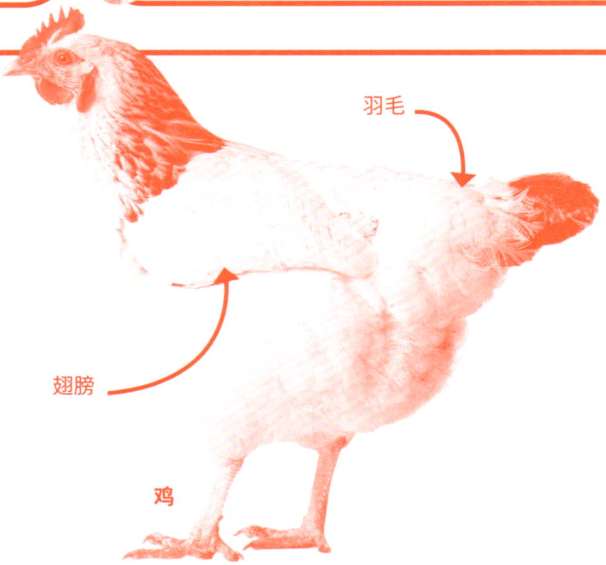